KB251373

내 손으로 고치는
빈티지 오디오

내 손으로 고치는
빈티지 오디오

김 동 희 지음

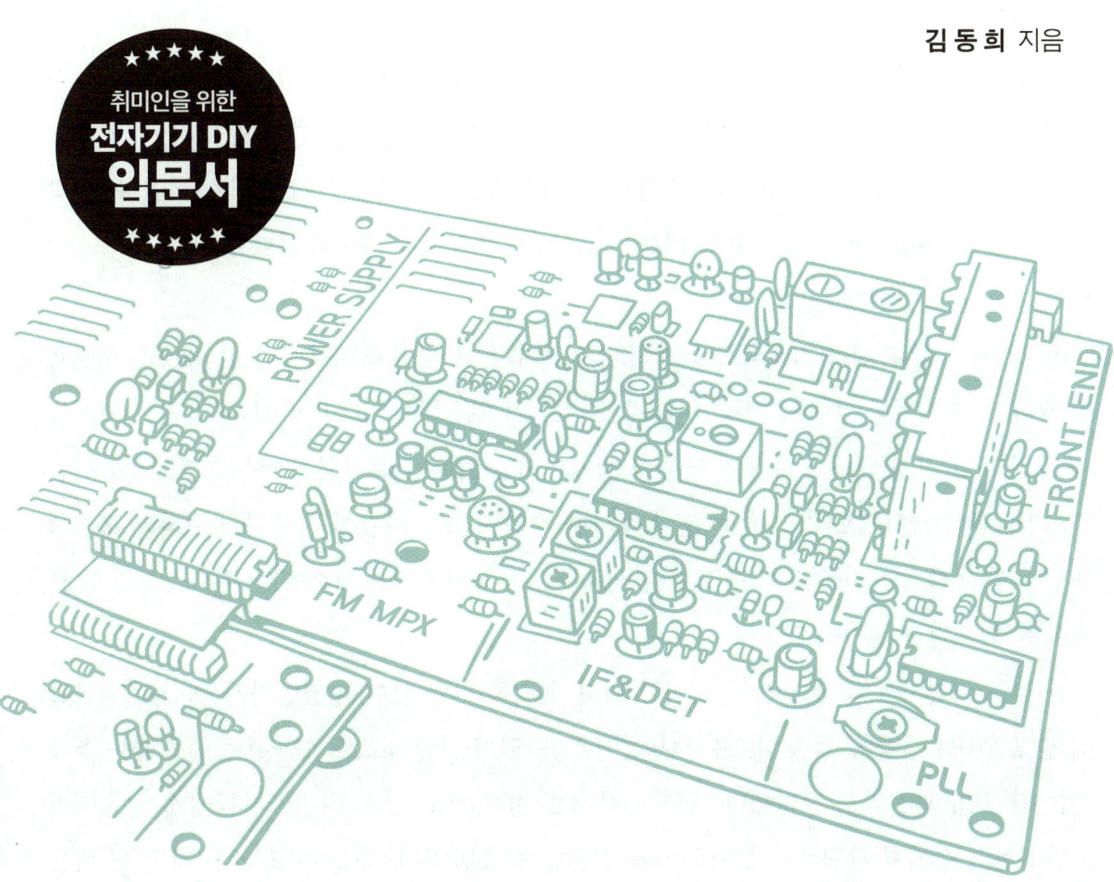

좋은땅

서문

학창 시절 007전자키트에 빠져서 납땜질에 취미를 갖게 되었는데 어느 순간 키트 만들기 수준을 넘어 보고 싶었다. 나만의 프로젝트를 한답시고 회로도를 보며 PCB를 직접 제작하고 세운상가를 드나들면서 전자부품을 사 모아 전자 게임기를 만들고 성취감에 취했던 추억이 생생하다.

그 후로는 주어진 회로도의 제작만이 아닌 작동 원리까지 알고 싶었지만 당시 중학생인 나에게는 무리였고 아쉽지만 훗날 언젠가 공부해 보리라 다짐하고 미뤄 두었다. 그로부터 수십년이 훌쩍 지나 우연히 빈티지 오디오 수리나 개조에 대한 관심이 생기게 되었다. 고장 난 기기들을 모아서 독학으로 수리해보니 조금씩 전자회로에 대한 개념도 잡히고 고장의 패턴들도 파악할 수 있게 되었다.

내친김에 독학 과정을 기록하고 독려하기 위해 유튜브 채널을 만들어 수리 과정을 콘텐츠로 쌓아 가게 되었다. 주제로 정한 빈티지 오디오 기기를 대상으로 일백여 대가 넘는 기기들을 고쳐 보고 만져 봤더니 나름의 안목이 생기면서 노하우가 축적되어 가는 것도 느껴졌다. 전자공학을 전공하지도 않고 관련 분야 종사한 경험도 없는 사람이 전자기기 수리와 점검에 대한 책까지 쓸 필요가 있을까 생각했지만 유튜브 영상만으로는 아쉬웠던 부분을 책으로 보완할 수 있겠다는 생각이 커졌다.

이 책은 전공자를 대상으로 한 것이 아니라 철저히 나와 같이 비전공자가 취미로 접근할 때 필요한 내용들을 묶어 냈다. 유튜브라 어쩔 수 없이 산발적으로 제공된 콘텐츠들을 책에서는 단계별, 과정별로 정리했다. 전자공학에 도전해 보고 싶은 비전공자들에게 실용적인 고장점검과 수리의 관점에서 전자공학을 접근할 수 있도록 도움을 주고 싶은 것이 이 책을 쓴 목적이다.

1장은 일곱 가지 전자부품의 특성과 활용 예를 소개한다. 이론적 설명이 아닌, 수리에 직접 적용할 수 있는 방식으로 접근했다. 아마 전공자에게조차 궁금증이 해소될 만한 내용이 상당히 있을 것으로 생각한다. 각 전자부품이 적용된 회로에 대한 이해를 돕는 부분까지 확장되어 있다.

2장은 오디오 기기나 전자기기의 점검과 수리에 도전하려면 필요한 계측기와 도구들을 정리했다.

3장은 이 책의 핵심이다. 튜너, 앰프, CD 플레이어, 카세트 데크와 같은 주요 오디오 기기의 작동 원리, 고장 유형, 점검 방법을 자세히 설명했다. 국내외를 막론하고 이처럼 사진과 설명이 통합된 자료는 드물다. 이 책에서는 주제를 명확화하기 위해 직접 정비하고 점검하는 빈티지 오디오 기기들로 한정하여 접근했지만 이 내용을 숙지하고 경험을 쌓는다면 다른 전자기기들을 이해하는 것도 그리 어렵지 않을 것이다.

책을 보고 나서 유튜브 영상으로도 보고 싶은 분들은 나의 유튜브 채널에서 관련 콘텐츠를 찾아보시기를 권한다.

유튜브 채널 **일렉트로 프로파일러**
https://www.youtube.com/@electro_profiler

<h1 style="text-align:center">목차</h1>

2장 계측기 및 도구

1장

전자부품의 특성과 용례

전압, 전류, 그라운드

전자부품들의 특성과 기본적인 사용법을 살펴보기 전에 전기의 기본 요소인 전압과 전류 그리고 그라운드와 같은 개념을 먼저 살펴보고자 한다. "전압은 회로 내 두 지점 사이의 전위차를 의미하며 이 전위차가 존재할 때 전류가 흐르게 된다. 회로에서 기준이 되는 전위, 즉 0V를 그라운드 또는 접지라고 한다." 단순하고 명료해 보이는 이 문장은 정확한 개념으로 이해하고 있지 않으면 실제 회로에서 적용해 보면 분명해 보이지 않는 경우가 종종 있다.

1) 전압과 전류

전압과 전류는 전기를 다룰 때 가장 기본적인 개념이다. 1.5V 건전지에 전구를 연결해 불을 켜는 단순한 회로를 떠올리면, 그다지 복잡하거나 어려운 개념은 아니다.

전압과 전류를 설명할 때는 흔히 물탱크에 비유하곤 한다. 그림 1-1을 보면서 물탱크를 통해 전압과 전류의 개념을 살펴보자.

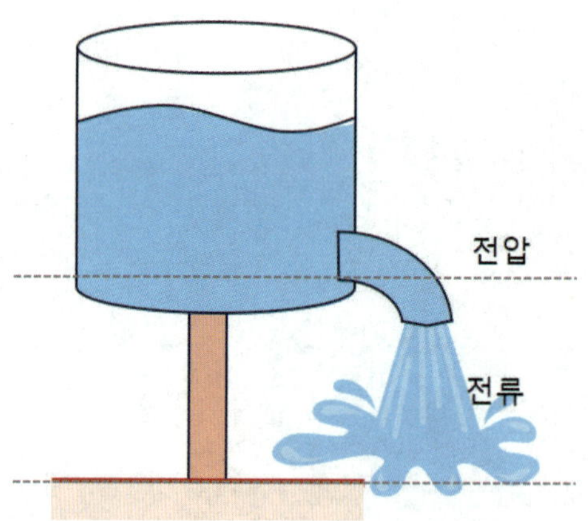

그림 1-1 물탱크에 물이 담겨 있고 아래쪽에 연결된 파이프를 통해 물이 흘러나오고 있다.

이 그림에서 물이 흘러나오게 하는 힘은 파이프에 작용하는 압력, 즉 수압이다. 수압이 있어야 물이 흐를 수 있다. 이때 파이프를 통해 흘러나오는 물의 양, 즉 유량은 전기에서 말하는 전류에 해당한다.

이 비유를 조금 더 확장해 보자. 수압(전압)이 높아지면 유량(전류)도 증가하고, 파이프의 직경이 넓어져도 유량이 많아진다. 반대로 수압이 없으면 아무리 큰 파이프가 있어도 물은 흐르지 않는다. 이 기본 개념은 대부분의 전기 기초 교재에서도 동일하게 설명된다. 그림 1-2를 보며 한 걸음 더 나아가 보자.

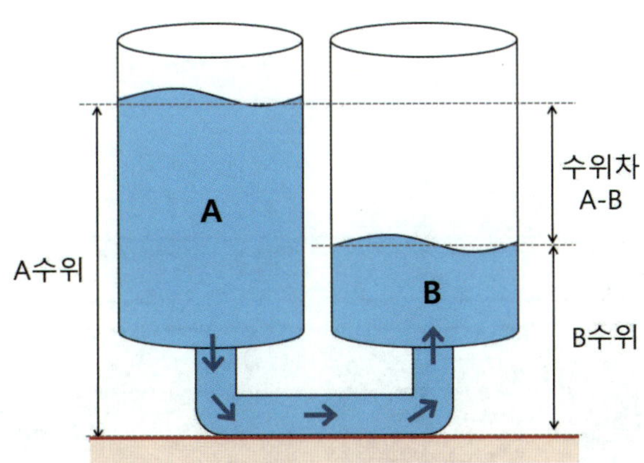

그림 1-2 물탱크 A와 B가 파이프로 연결되어 있다.

이 경우, 탱크 A의 수위가 B보다 높다면 압력차가 생기고, A에서 B로 물이 흐르게 된다. 전기에서는 이것을 전위차, 즉 전압이라고 한다. A의 전위가 B보다 높기 때문에 전류가 흐르는 것이다. 전류의 양은 전위차가 클수록 많아지고, 파이프의 굵기가 굵을수록 증가한다. 여기서 파이프의 굵기는 회로에서 전류 흐름을 제한하는 저항에 해당한다.

전압은 절대적인 수치가 아니라 상대적인 값이라는 점을 명심하자. 그림 1-3에서 멀티미터로 배터리의 전압을 측정하고 있다. 이때 멀티미터에 표시된 전압 1.5V는 질량 10kg처럼 절대적인 값이 아닌 상대적인 값이다. 다시 말해, 기준점인 이 배터리의 음극보다 양극의 전압이 1.5V 차이가 있다는 의미이다. 전위란 항상 어떤 지점을 기준으로 한 상대적인 값이다.

그림 1-3 1.5V 배터리를 멀티테스터로 전압을 측정하고 있다.

그림 1-4는 전자기기의 회로도이다. 회로도의 주요 포인트마다 빨간색 화살표로 전압을 표시하고 있다.

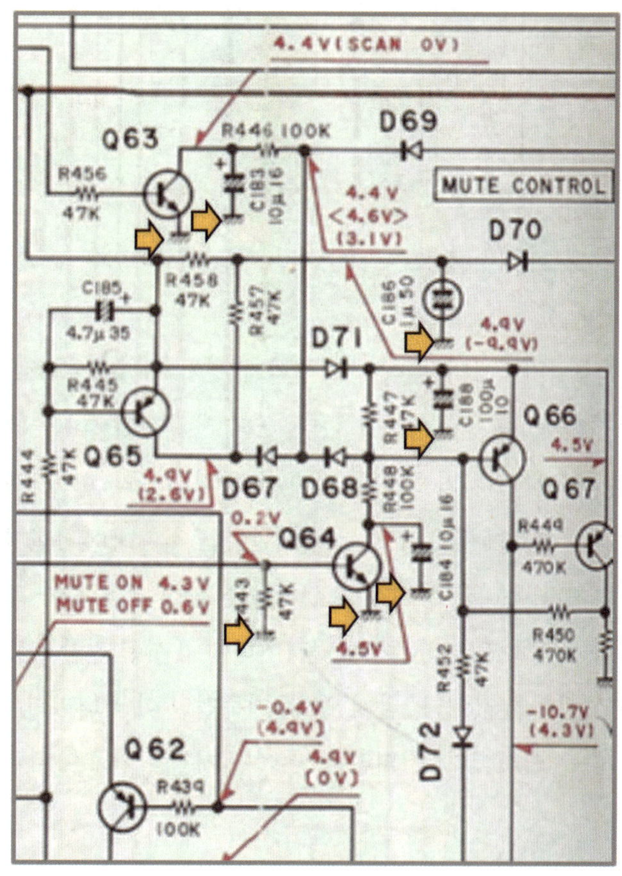

그림 1-4 전자제품의 회로도 예시. 노란 화살표가 표시된 지점이 그라운드이다.

내 손으로 고치는 빈티지 오디오

전압은 상대적인 값이라고 했다. 이 전압들은 무엇을 기준으로 한 전압일까? 바로 회로도 상에 노란 화살표들이 기준점인 그라운드이고, 이곳이 0V로서 기준점이 된다. 회로도에서는 이 그라운드 기호들이 서로 떨어져 그려져 있지만, 실제로는 모두 연결된 동일한 전기적 기준선이다.

이렇게 전자기기의 0V인 기준점을 그라운드라고 한다. 초보자들에게 그라운드의 개념과 그것이 회로에 어떻게 표현되는지 이해하는 것이 중요하다.

너무 뻔해서 별거 아닌 것 같지만 그라운드를 이해하는 것으로부터 전기회로의 해석이 시작된다.

2) 그라운드와 접지

앞에서 말했듯이 전압은 항상 두 지점 사이의 전위차를 의미하는 상대적인 값이다. 회로에서는 보통 하나의 지점을 기준 전위(0V)로 정하며, 이것을 그라운드(GND)라고 부른다.

이 그라운드는 회로 내부에서 정의된 상대 기준일 뿐이며, 엄밀하게는 물리적인 접지(Earth)와 동일한 개념은 아니다. 접지는 지면과의 연결을 통해 전위 기준을 안정시키는 물리적 개념이고, 반면 전자기기 내부에서의 그라운드는 단순히 회로 내 기준 전위로 설정된 전기적 기준점이다. 그러나 AC를 사용하는 대부분의 전기기기는 이 둘이 연결되어 회로 내의 기준전위가 접지(Earth)의 0V와 같아지게 되어 있어서 용어를 혼용하여 사용하여도 무방한 것이다.

그림 1-5는 인쇄회로기판(PCB)에서 그라운드 패턴이 형성된 예를 보여 준다. 대부분의 회로에서 그라운드는 기판 외곽을 따라 넓은 패턴으로 자리 잡으며, 기기와 결합되는 볼트 체결 지점까지 이어지고 기기의 섀시(금속 케이스)까지도 연결된다. 그림에서 음영으로 표시된 영역은 전기적으로 모두 연결된 하나의 그라운드 라인이다. 회로 부품 중에서 한 쪽이 그라운드에 연결되어야 하는 경우, 이 패턴 위에 납땜되도록 설계되어 있다.

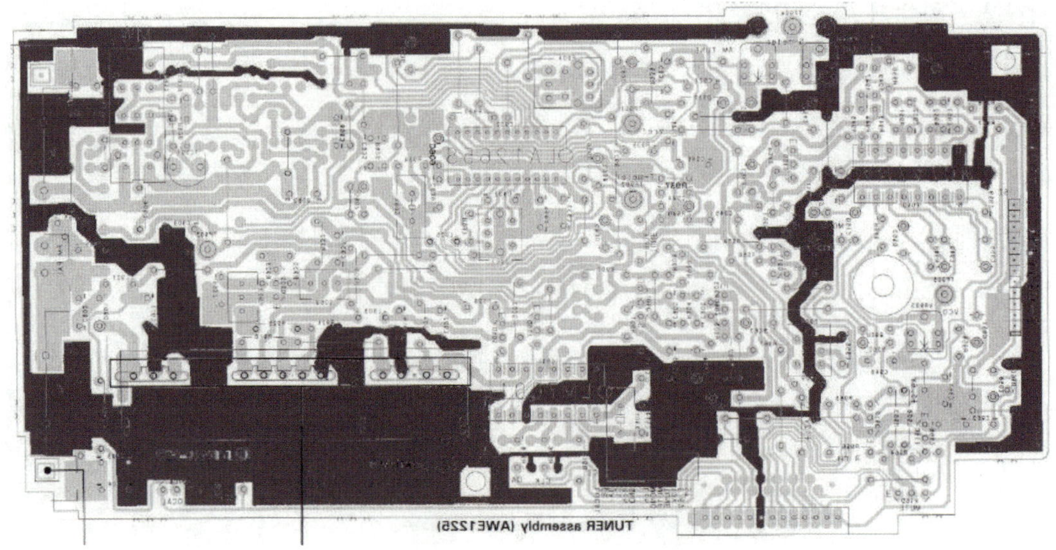

그림 1-5 PCB 패턴상 그라운드 부분(음영으로 표현)

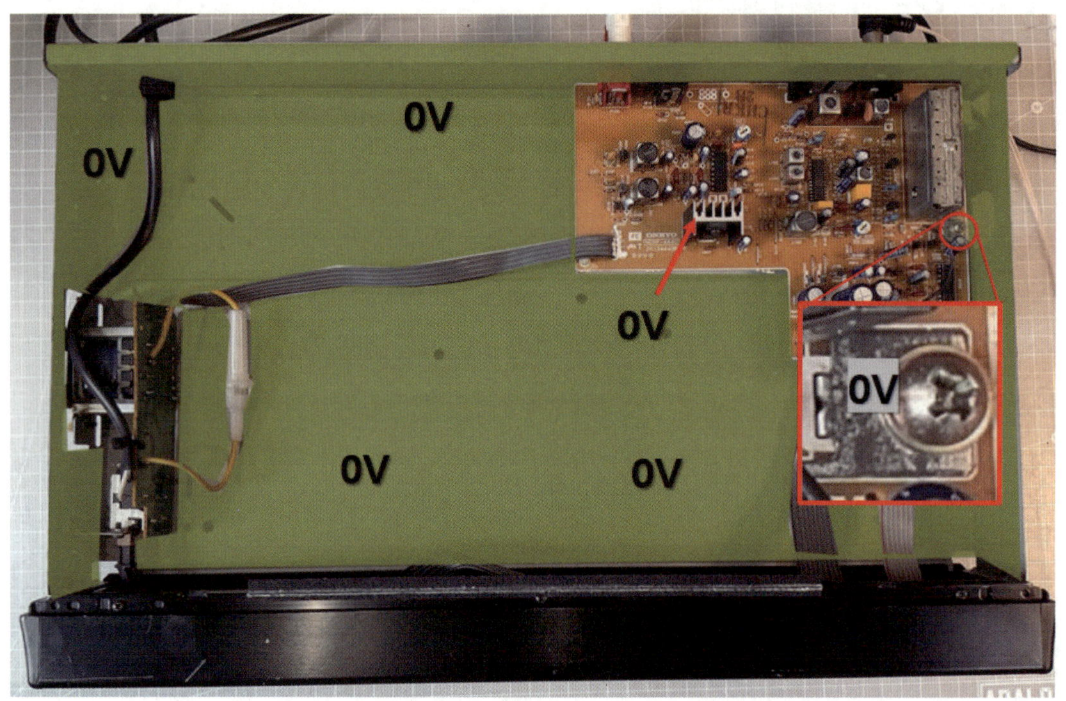

그림 1-6 전자기기의 섀시(녹색)와 PCB가 조립된 상태

그림 1-6은 전자기기의 섀시와 PCB가 조립된 일반적인 구조를 보여 준다. 우측에 보이는

PCB의 고정 스크류를 통해 PCB의 그라운드가 섀시 전체와 전기적으로 연결된다. 이렇게 그라운드가 함께 묶임으로써, 전기 누설에 의한 감전이 예방되고 험 노이즈가 억제되는 효과가 있다.

PCB 위의 특정 부품 전압을 측정하려 할 때, 멀티미터나 오실로스코프의 흑색 측정봉(음극)은 어디에 연결하면 될까? 흔히 섀시의 금속부에 흑색 측정봉을 연결해 두고, 적색 측정봉을 측정하고자 하는 부품의 리드선에 댄다. 섀시와 PCB의 그라운드가 전기적으로 연결되어 있으므로, 섀시는 전압 측정 시에 편리한 그라운드 측정점 역할을 한다.

3) 쇼트와 오픈

전자기기 수리와 관련된 이야기 중에 종종 "쇼트가 났다"는 표현이 있다. 대략적인 의미는 전달되지만, 정확한 개념으로 이해되지는 않는 경우가 많다. 회로의 연결과 끊김을 설명하는 기본 용어부터 정리해 보자.

영어	쇼트(Short)	오픈(Open)
한글	단락	개방

먼저 비교적 직관적인 개념인 오픈, 즉 개방부터 알아보자. 전류는 플러스(+) 전위에서 마이너스(-) 전위로 흐르기 위해 반드시 닫힌 경로, 즉 폐회로가 필요하다. 그런데 어떤 이유로 회로가 끊기게 되면 전류가 흐르지 않게 되며, 회로가 개방되었다고 한다. 회로 내에 스위치를 둬 의도적으로 개방하는 경우도 있지만, 우리가 여기서 다루고자 하는 것은 예기치 않게 회로가 끊겨 전류가 흐르지 않는 경우이다. 원치 않는 회로의 개방은 주로 부품의 손상이나 물리적인 파손에 의해 발생한다.

그림 1-7은 가장 대표적인 예인 퓨즈 단선으로 회로 전체가 개방된 상태이다. 퓨즈가 끊어지면 전자기기 전체에 전원이 공급되지 않아 작동이 멈춘다.

그림 1-7 멀티미터로 퓨즈가 개방된 것을 확인하고 있다.

그림 1-8은 PCB상의 패턴 손상으로 입력신호에 문제가 생긴 사례이다. 특정 오디오 입력의 그라운드 단자가 끊어져 그 경로로 유입되는 신호에 60Hz의 험 노이즈가 유입되었는데, 이는 입력단자의 접지가 단선되었기 때문이다. 이처럼 개방은 퓨즈, 다이오드, 트랜지스터, 커패시터 등 부품의 고장 또는 납땜 불량, 패턴 절단, 와이어 끊김 등의 물리적 손상으로 발생한다.

그림 1-8 멀티미터로 PCB의 패턴이 끊어져서 개방된 것을 확인하고 있다.

내 손으로 고치는 빈티지 오디오

쇼트는 플러스 전위에서 마이너스 전위로 매우 낮은 저항 경로(연결)가 형성되어, 순간적으로 매우 큰 전류가 흐르는 상태를 의미한다. 우리말로는 "단락"이라고 하는데 한자로는 짧을 단(短)과 이을 락(絡)이다. 단락의 의미가 마치 '단절' 또는 '단선'의 끊을 단(斷)으로 오해되기도 하나, 오히려 반대 개념이다.

그림 1-9는 전구와 배터리로 구성된 간단한 회로에서, 배터리 양극 사이를 전선으로 직접 연결해 쇼트를 발생시키는 예이다. 전

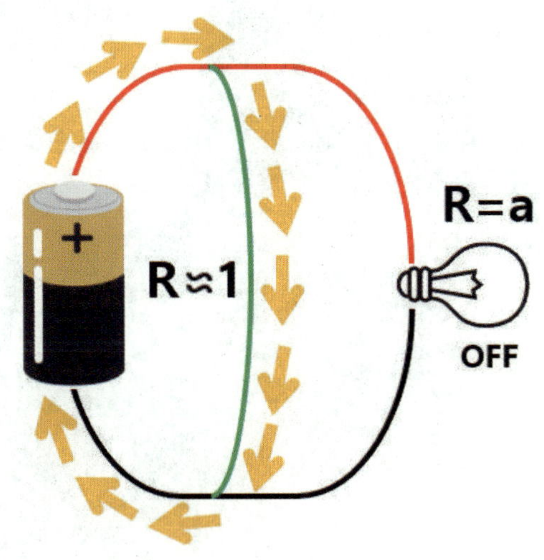

그림 1-9 쇼트회로의 예

구만 연결된 경우에는 일정 저항을 갖는 전구를 통해 전류가 제한되고 전구가 점등한다. 그러나 쇼트 경로가 1 ~ 2Ω 정도로 형성되면 수A 또는 수십A에 이르는 매우 큰 전류가 쇼트 경로로만 흐르게 되고 전구는 더이상 점등되지 않는다. 이로 인해 회로 부품이 파손되거나, 심한 경우 화재로 이어질 수 있다.

전자기기를 점검하는 중에도 여러 원인으로 쇼트가 발생할 수 있다. 그림 1-10은 전원이 들어온 상태에서 인두기나 드라이버 같은 도전성 도구가 회로의 전원부에 접촉해 쇼트를 유발하는 사례이다. 예시로 든 정전압 IC에서는 3번 핀(출력)이 18V이고, 2번 핀은 그라운드이다. 이 상태에서 멀티미터로 3번 핀 전압을 측정하려다 프로브가 실수로 2번 핀과 동시에 접촉하면 18V가 직접 0V 그라운드에 쇼트되면서 불꽃이 튈 수 있다. 보호 회로가 있는 경우 전원이 차단되거나 퓨즈가 끊어지지만, 없을 경우 회로 내 부품 손상이 발생할 수 있다.

그림 1-10 정전압 IC에서 그라운드와 출력단자가 쇼트되는 모습

그림 1-11은 PCB 하부의 납땜면이 전자기기 섀시와 접촉하면서 쇼트가 발생한 사례이다. 만약 이 접촉된 PCB가 저전압, 저전류의 신호 영역이라면 큰 문제가 생기지 않겠지만, 전원 관련 고전압 부위가 접촉한다면 위험한 쇼트가 일어날 수 있다. 전원을 켜 둔 상태에서 PCB 를 분리해 점검할 경우, 하부 납땜면이 섀시에 닿지 않도록 주의해야 한다.

내 손으로 고치는 빈티지 오디오

그림 1-11 PCB의 하부 고전압 납땜면이 전자기기의 섀시와 접촉하여 쇼트가 발생하는 경우

그림 1-12는 감전 사고로 이어질 수 있는 위험한 쇼트 사례다. 대부분의 오디오 기기는 트랜스와 다이오드를 통해 AC 전원을 DC 전원으로 변환하는 리니어(Linear) 방식의 전원을 사용한다. 감압된 DC 전압은 비교적 인체에 안전하지만, AC 입력부는 감전 위험이 크다. 사람의 몸은 수백 kΩ에서 수 MΩ 수준의 저항을 가지지만 고전압 AC에 접촉하면 순간적으로 신체에 전류가 흐르며 감전된다. 특히 그림처럼 트랜스의 1차 측 리드선이 외부로 노출된 경우에는 더욱 주의해야 한다.

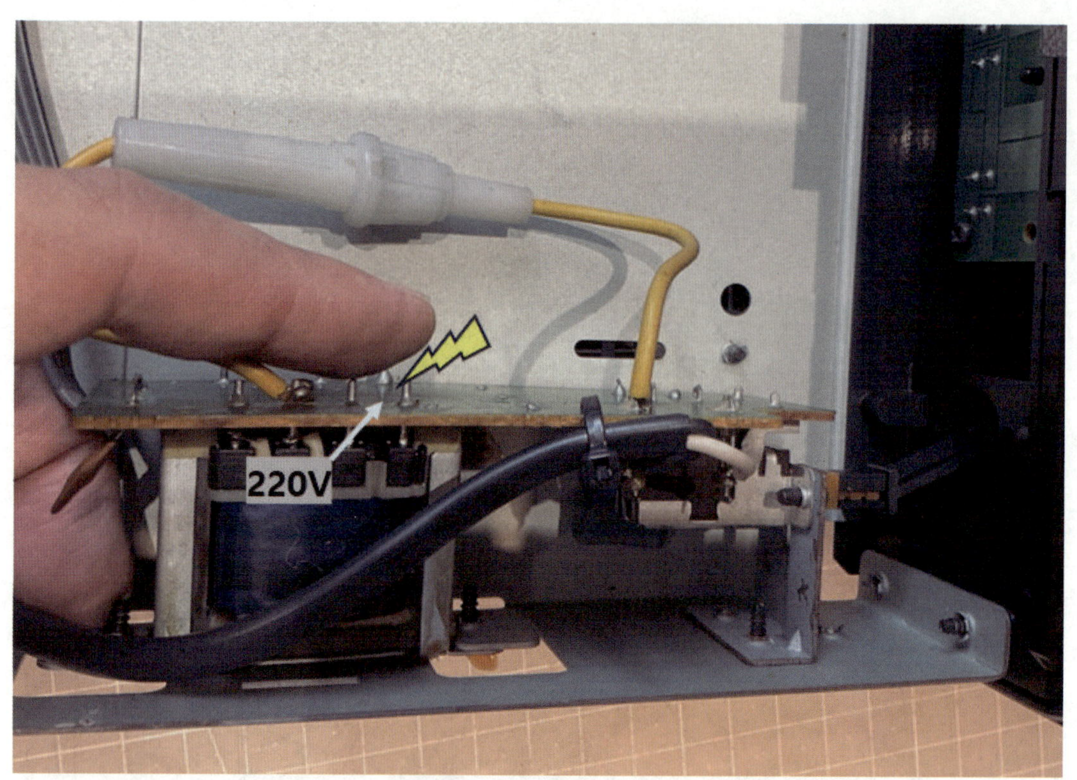

그림 1-12 트랜스의 AC 220V 연결부를 접촉해서 쇼트가 발생하는 경우

2 저항

저항은 커패시터, 인덕터와 더불어 전기 회로의 가장 기본적인 소자이다. 회로 내에서 저항은 전류의 흐름을 제한하는 역할을 하며, 직렬 또는 병렬로 연결되는 방식에 따라 전류와 전압의 분포가 달라진다. 기본적인 옴의 법칙(전압 = 전류 × 저항)으로 대부분 설명할 수 있을 것 같지만, 실제 회로에서는 이보다 조금 더 복잡하고 직관적이지 않은 부분이 있다.

저항의 연결 방식과 전위차에 대해 알아보고, 주요 저항값이 어떻게 정해지는지, 그리고 실용 회로에서 자주 사용하는 몇 가지 저항의 특징과 용법을 함께 살펴보자. 그전에 한 가지 의문을 짚고 넘어가자. 왜 1kΩ 저항은 쉽게 구할 수 있는데, 그 절반인 500Ω은 없고 대신 510Ω이 있는 걸까? 이것에 대한 답은 저항값이 결정되는 방식과 관련이 있다.

1) 저항값의 표준 시리즈

전자회로에서 사용되는 저항값들을 보다 보면, 1Ω, 10Ω, 100Ω처럼 딱 떨어지는 값 외에도 1.2kΩ, 3.3kΩ, 6.8kΩ 같은 묘하게 애매한 숫자들이 많다는 걸 눈치채게 된다. (이와 동일한 숫자의 배열이 커패시터 용량에도 적용된다) 이 숫자들은 우연히 정해진 것이 아니라 수십 년 전부터 전자부품을 효율적으로 만들기 위해 만들어진 표준 저항값 체계를 따른 결과다. 이 체계는 부품마다 제조 오차가 있기 때문에 오차를 감안한 '간격 조절'을 통해 전체 저항 범위를 골고루 커버할 수 있도록 한 계산된 숫자들이다.

예를 들어 ±10% 오차를 가진 저항이 있다고 할 때, 100Ω짜리 저항은 실제로 90 ~ 110Ω 사이에서 동작할 수 있다. 그런데 그 옆에 105Ω 같은 값을 만든다면 두 값이 오차범위에서 겹치게 되어 굳이 따로 만들 필요가 없어진다. 그래서 필요한 전체 저항값 범위를 겹치지 않도록 효율적으로 나누려면, 일정한 간격으로 떨어진 숫자들만 선택해서 만들면 되며, 그 간격은 오차 범위와 연결된 수학적 기준을 따른다. 그렇게 해서 등장한 것이 저항 제조의 표준으로 등장한 E12, E24 같은 표준 저항 체계이다.

처음에는 ±10%나 ±20% 오차의 부품이 많아서 E6, E12처럼 비교적 간단한 숫자 세트만으로 충분했다. 하지만 기술이 발전하면서 ±5%, ±1%의 정밀한 저항들도 값싸게 만들 수 있게 되었고 더 세분화된 E24 시리즈가 현재의 표준 저항 제조값의 기본으로 자리 잡았다. E24 시리즈는 1부터 10 사이를 약간씩 간격을 두고 나눈 24개의 숫자를 기본으로 하며, 여기에 10을 곱하거나 100을 곱해 더 높은 저항값을 만들어 낸다. 그래서 우리가 흔히 보는 1.2kΩ, 3.3kΩ, 6.8kΩ 같은 저항값이 정해진 것이다.

아래표는 E24 기준의 유효숫자 24개와 이 숫자를 기준으로 실제 제조되는 저항값의 예를 들었다. 번갈아 음영된 부분은 E12 기준의 유효숫자와 중복되는 부분이다. 눈에 더 익숙한 저항값은 E12를 포함한 숫자들이다.

유효숫자	실제 저항값 예시	유효숫자	실제 저항값 예시
1.0	10Ω, 100Ω, 1kΩ, 10kΩ	3.3	33Ω, 330Ω, 3.3kΩ, 33kΩ
1.1	11Ω, 110Ω, 1.1kΩ, 11kΩ	3.6	36Ω, 360Ω, 3.6kΩ, 36kΩ
1.2	12Ω, 120Ω, 1.2kΩ, 12kΩ	3.9	39Ω, 390Ω, 3.9kΩ, 39kΩ
1.3	13Ω, 130Ω, 1.3kΩ, 13kΩ	4.3	43Ω, 430Ω, 4.3kΩ, 43kΩ
1.5	15Ω, 150Ω, 1.5kΩ, 15kΩ	4.7	47Ω, 470Ω, 4.7kΩ, 47kΩ
1.6	16Ω, 160Ω, 1.6kΩ, 16kΩ	5.1	51Ω, 510Ω, 5.1kΩ, 51kΩ
1.8	18Ω, 180Ω, 1.8kΩ, 18kΩ	5.6	56Ω, 560Ω, 5.6kΩ, 56kΩ
2.0	20Ω, 200Ω, 2.0kΩ, 20kΩ	6.2	62Ω, 620Ω, 6.2kΩ, 62kΩ
2.2	22Ω, 220Ω, 2.2kΩ, 22kΩ	6.8	68Ω, 680Ω, 6.8kΩ, 68kΩ
2.4	24Ω, 240Ω, 2.4kΩ, 24kΩ	7.5	75Ω, 750Ω, 7.5kΩ, 75kΩ
2.7	27Ω, 270Ω, 2.7kΩ, 27kΩ	8.2	82Ω, 820Ω, 8.2kΩ, 82kΩ
3.0	30Ω, 300Ω, 3.0kΩ, 30kΩ	9.1	91Ω, 910Ω, 9.1kΩ, 91kΩ

2) 저항의 종류

■ 고정 저항

저항의 종류는 크게 고정저항과 가변저항으로 나눌 수 있다. 우리가 관심을 갖는 오디오 기기나 전자기기에서 사용되는 고정저항은 거의 대부분 탄소피막 저항이다. 저항은 소비전력에 따라 구분하여 사용하는데 대부분은 0.25W(1/4W) 저항이 사용된다. 일반적인 PCB에 보이는 대부분의 저항이 0.25W 저항이다. 일부 앰프등에 고전력을 담당하는 저항은 1/2W 나 1W 급 저항을 사용한다. 그림 1-13에서 보이듯이 1/2W 이상의 저항은 열이 발생하므로 PCB의 열화방지와 냉각을 위해 그림과 같이 PCB 위로 띄워서 실장을 한다.

그리고 앰프의 출력 트랜지스터가 있는 곳에 고전력의 시멘트 저항이 설치되어 있는 것을 볼 수 있다. 대부분 2-5W급의 용량이고 0.22-0.33Ω 정도의 낮은 저항값을 가지고 있다. 이 저항은 출력 트랜지스터의 이미터 저항인데 출력 트랜지스터 간의 전력분배를 하여 안정화하는 기능과 전류량을 간접적으로 체크하기 위한 기능을 위해 설치된다. 3장의 2. 인티그레이트드 앰프의 조정편에서 다시 다루므로 기억해 두고 있자.

그림 1-13 앰프에 설치된 고정 저항의 정류

■ 가변 저항

가변저항은 오디오의 프런트 패널부와 메인 보드의 조절부에서 많이 사용된다. 그림 1-14
에서 다양한 가변저항을 볼 수 있다. 흔히 전위차계(potentiometer)라고도 하고 줄여서 팟
(pot)이라고도 한다. 전위차계라고 불리는 이유는 일반적으로 가변적 전압분배장치로 사용
하기 때문이다. 오디오, 비디오 기기들의 음량을 조정하는 볼륨이 이런 경우이다.

볼륨처럼 빈번히 조정하는 용도의 가변저항도 있고 기기의 설정값 조정을 위해 어쩌다가
한번씩 돌려서 사용하는 용도의 가변저항도 있는데 특별히 이런 저항은 트림팟 또는 트리머
라고 부른다. 대부분의 가변저항은 약 270도 정도의 회전각도를 가지고 조정할 수 있게 되
어 있는데 회전각도의 제한으로 정밀한 조정이 필요한 경우에는 조정이 어려울 수도 있다.
이런 단점을 해결하기 위고 정밀한 저항값 조정을 위해 10-20회 정도 스크류식으로 다회전
이 가능한 트림팟도 있다.

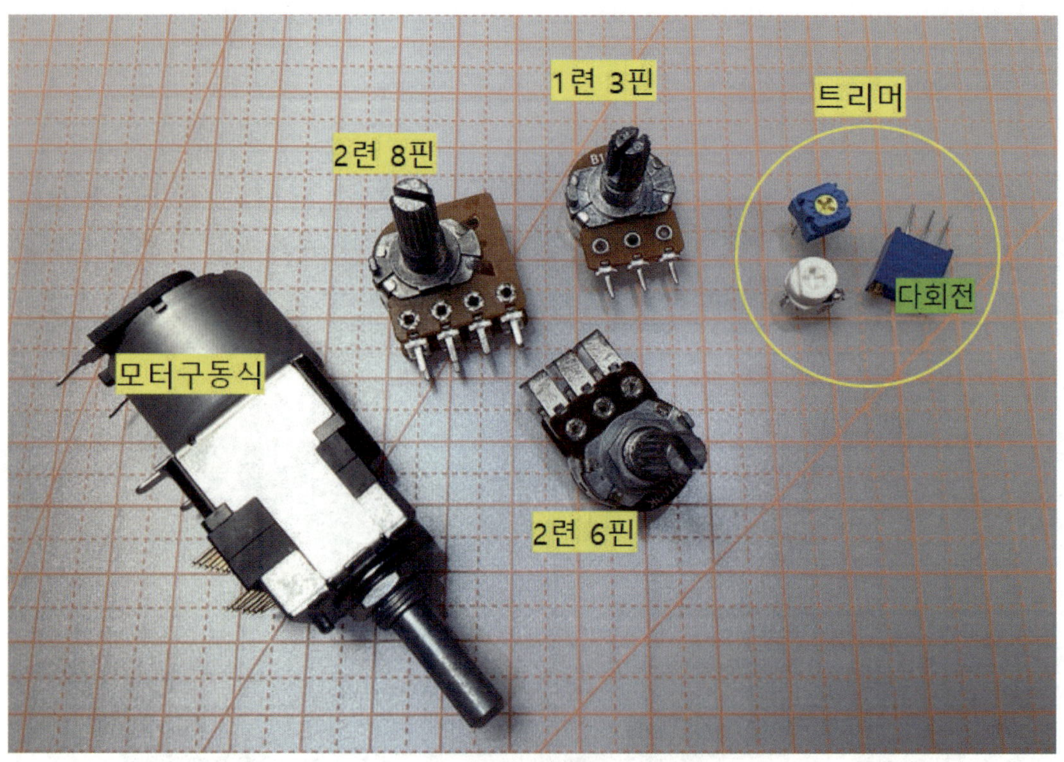

그림 1-14 다양한 전위차계와 트리머

내 손으로 고치는 빈티지 오디오

그림 1-15에서 전위차계의 회전축 변화에 따라 핀별 저항값이 어떻게 변하는지 보여 주고 있다. 저항값이 100kΩ인 전위차계라면, 1번과 3번핀은 회전축의 변화와 관계없이 항상 전체 저항값인 100kΩ이다. 1번과 2번, 그리고 2번과 3번 간의 저항값은 회전축에 따라 변화하면서 각각 최대값과 최소값으로 변한다. 그림에는 편의상 최소값을 0Ω으로 표기했지만 실제로는 1-3Ω 정도 된다. 0Ω은 존재하지 않는다는 것을 기억하자.

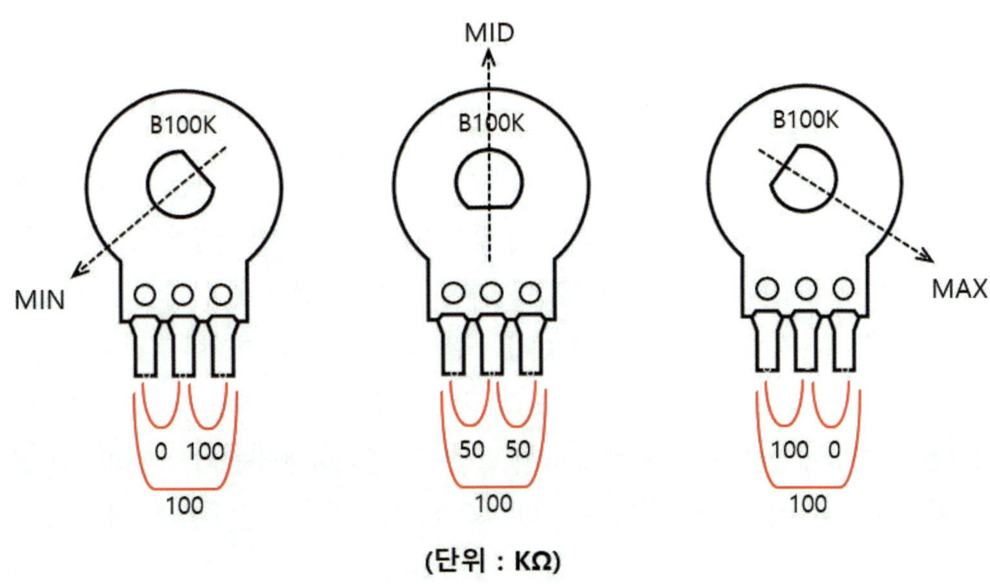

그림 1-15 전위차계 회전에 따른 핀별 저항값

이것은 뒤에 소개할 저항의 전압분배기와 사실상 동일한 구조이다. 일반적인 볼륨이라면 3번핀에 입력신호가 연결되고 1번핀이 그라운드로 연결된다. 볼륨이 7시 방향의 최소값일 때 출력전압은 가장 작은 값으로 나온다. 3핀으로 구성된 전위차계의 입력, 출력, 그라운드를 구별할 수 있고 오실로스코프를 이용해 볼륨의 입출력 신호를 비교 측정하면 신호의 양부를 판단할 수도 있다.

3) 직렬연결 병렬연결

  옴의 법칙과 저항의 직렬, 병렬 연결에 대해서는 대강의 개념은 알고 있을 것이다. 이 책에서는 직렬, 병렬에서 합성 저항값의 계산은 하지 않는다. 저항의 직렬과 병렬연결을 다른 면으로 살펴보자. 저항의 고장은 주로 과도한 발열에 의해서 발생되는데 어떤 연결 조건의 저항이 더 발열하게 되는지를 알아보자.

■ 직렬회로

  그림 1-16은 저항의 직렬연결의 예이다. 직렬 연결된 저항의 회로에서는 각 저항에 흐르는 전류가 같다. 저항값이 같은 (a) 회로나 저항값이 각기 다른 (b) 회로 모두 각 저항에 흐르는 전류의 값은 동일하며 이 전류는 직렬회로 전체로 동일한 전류값이다.

  직렬회로의 특징은 높은 저항값에 높은 전압이 걸린다는 것이다. 전압이 걸린다는 의미는 전위차가 있다는 것이다. (a)에서 R1 양단과 R2 양단에 걸리는 전위차는 각각 5V이다. 반면 (b)에서는 R1 양단에 7.5V, R2 양단에 2.5V가 걸리게 된다. (a)에서는 R1과 R2의 소비전력이 동일하지만 (b)에서는 R1의 소비전력이 더 크고 R1에서 더 많은 열이 발생하게 된다.

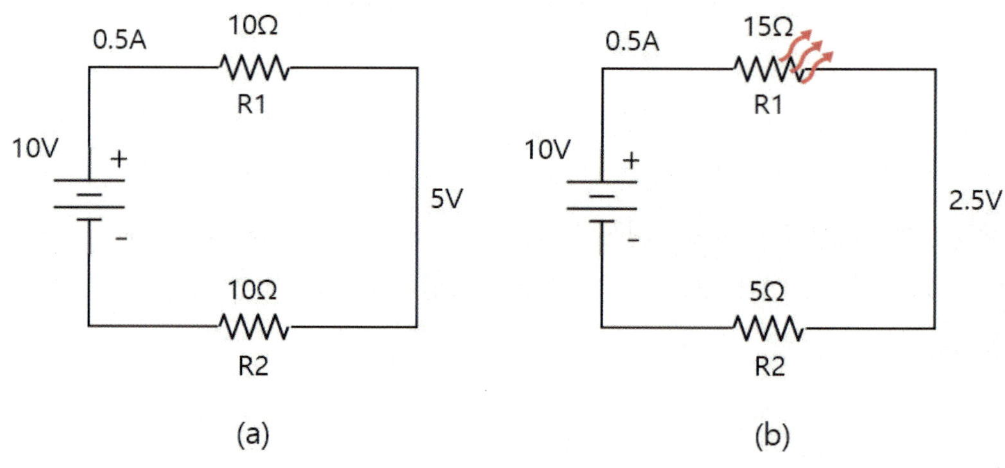

그림 1-16 저항의 직렬 연결

  내 손으로 고치는 빈티지 오디오

■ 병렬회로

그림 1-17은 저항의 병렬연결의 예이다. 병렬연결에서는 전체 회로에 흐르는 전류를 병렬연결된 저항이 크기에 따라 나누어 갖는다. 같은 저항값이 병렬연결된 (a)에서는 전체 2A의 전류를 두개의 저항이 각기 1A씩을 나뉘어 흐르게 하고, 저항값이 다른 (b)에서는 낮은 값의 저항이 더 많은 전류를 흐르게 한다. (b)에서의 R2는 R1보다 전류를 두 배 이상 흐르게 하여 소비전력이 커지고 많은 열을 발생하게 된다. 직렬연결에서 전압차에 의한 발열보다 병렬연결에서 전류에 의한 발열이 더 크다.

직렬연결과는 달리 병렬연결에서는 저항값과 무관하게 동일한 전위차를 갖는다. 즉 같은 전압이 걸린다.

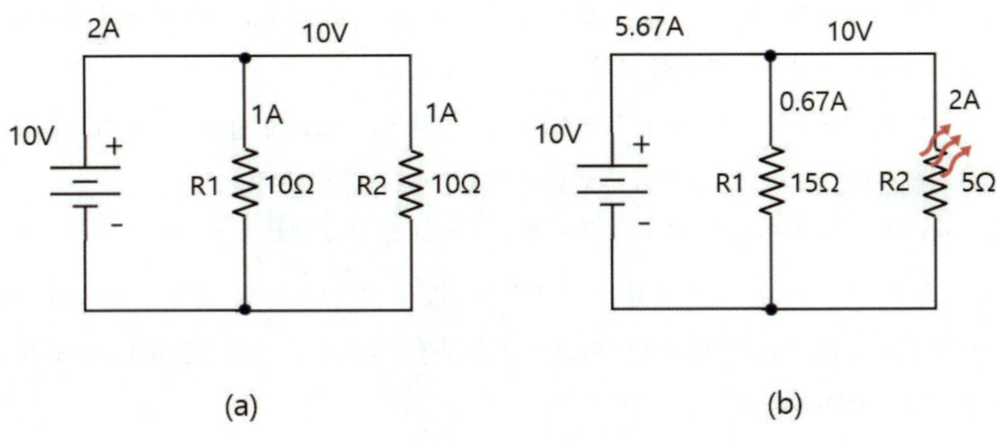

그림 1-17 저항의 병렬 연결

저항의 직렬과 병렬을 아래 표에 다시 정리했다.

	전압	전류
직렬	배분	동일
병렬	동일	배분

4) 전위차

회로 내에서 각 노드 간의 전위차는 전원이 공급하는 전압과 그 사이에 연결된 저항들의 값과 구성 방식에 따라 결정된다. 저항은 전류가 흐를 때 전압강하를 일으키며, 이로 인해 노드 간 전위차가 생긴다.

단순한 직렬·병렬 저항 회로에서는 이 전위차를 쉽게 계산할 수 있지만, 실제 회로에서는 이보다는 명확하게 판단되지 않을 때가 있다. 이제 대표적인 저항 연결 사례를 통해, 회로 내 전위차가 어떻게 형성되는지를 알아보자.

■ 노드간 전위차

직렬 연결된 저항의 전위차에 대해 알아보자. 멀티테스터로 실제로 측정한다고 생각하고 추론과 실제가 일치하는지 확인해 보자.

그림 1-18은 그림 1-16에서 보여 준 저항의 직렬연결에 각 노드에 멀티테스트 테스트봉을 연결한 상태이다. P1, P2, P3가 양극 적색봉이고, G1, G2는 흑색봉이다.

그림 (a)부터 보자. 멀티미터를 DC 전압 측정 모드에 두고 흑색봉은 G1(G1이 그라운드이다)에 고정하고 P1, P2, P3에 적색봉을 연결한 후 전압을 측정해 보자. 각각 몇 볼트가 나오겠는가? P1=10V, P2=5V, P3=0V이다. 이번에는 흑색봉을 G2에 두고 적색봉을 P1에 두면 몇 볼트일까? P1=5V가 나온다.

이번에는 (b)를 보자. 마찬가지로 흑색봉을 G1에 두고 측정하면 P1=10V, P2=2.5V, P3=0V이다. 흑색봉을 G2에 두고 P1을 측정하면 P1=7.5V이다.

전자기기를 점검할 때 특정 부품의 전압은 기본적으로 그라운드를 기준으로 한 전압이다. 앞서 전압을 설명할 때 전압은 절대값이 아닌 상대값이라고 했다. 통상 회로상에 어느 부품에 전압이 표시되어 있다면 별도의 표시가 없는 한 그라운드를 기준으로 한 것이다. 위의 예제처럼 P1-G2로 개별 부품의 양단에 걸리는 전압. 즉 전위차는 그라운드 기준과는 다르다는 점을 명심해야 한다.

그리고 G1-P3 간의 전압은 0V였다. 0V로 측정되면 전위차가 없으므로 전류가 흐르지 않는 곳일까? 전류는 흐르지만 전위차가 없는 위치에서 측정하면 당연히 0V로 나온다. G1-P3 간에의 측정위치는 0V가 나오는 것이 명확해 보이겠지만 실제 기기의 복잡한 회로상에서는 눈에 잘 들어오지 않아 실수하는 경우가 종종 있다는 점도 알아 두자.

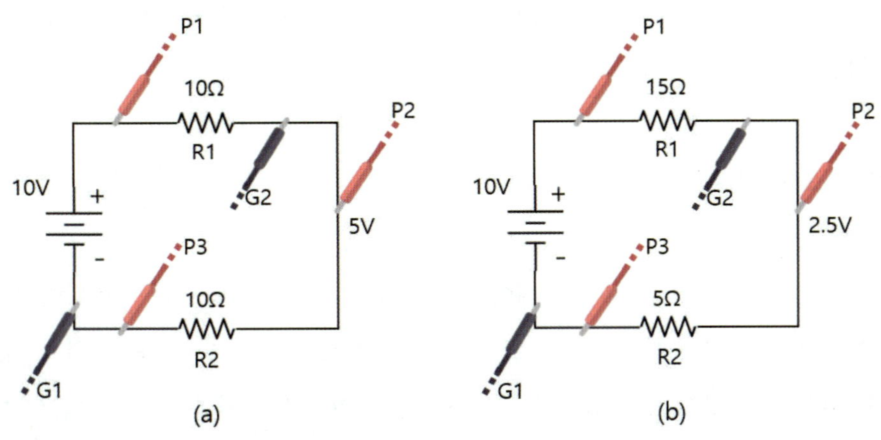

그림 1-18 직렬회로상에서 각 노드간 전위차

■ 전압분배

두 개 이상의 저항을 직렬로 연결했을 때 입력 전압이 각 저항에 비례해서 나눠지는 현상을 전압 분배라고 하며, 이는 저항을 이용한 중요한 기본 회로 중 하나이다. 그림 1-19는 그림 1-18을 다시 정리해서 배치한 그림이다. 원하는 Vout 전압을 얻기 위해 R1과 R2의 저항비를 이용하면 된다. 이 책에서 가급적 수식은 사용하지 않으려 했으나 Vout을 계산하는 공식 하나는 소개해 두자.

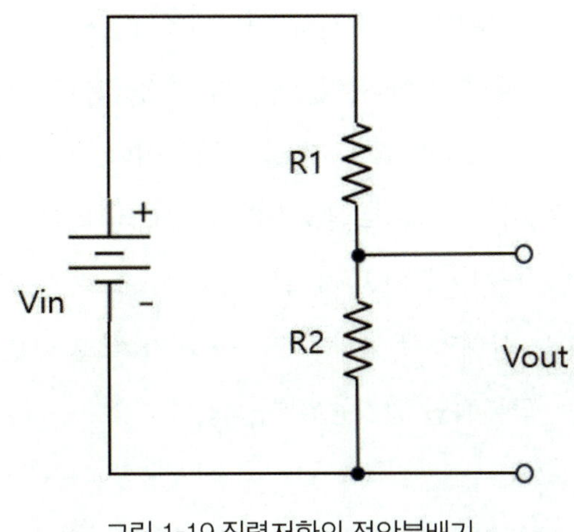

그림 1-19 직렬저항의 전압분배기

$$Vout = \frac{Vin \times R2}{(R1 + R2)}$$

그림 1-18의 예에서 Vout이 (a)에서 5V이고 (b)에서는 2.5V이다. 이렇게 R1과 R2의 비율을 통해서 입력전압에 대해 원하는 출력전압 Vout을 쉽게 만들어 낼 수 있다. 전압 분배기로 만들어진 출력 전압은 주로 회로내부에서 기준 전압을 만들거나, 신호 입력, 바이어스 조정 등 작은 전류가 흐르는 곳에서 원하는 전압을 설정하는 용도로 사용한다.

이렇게 만들어지는 출력전압은 부하가 있는 곳에 정전압용으로는 사용할 수 없다. 부하가 연결되면 R2와 병렬 연결되어 Vout이 변하기 때문이다.

■ 릴레이 작동전후의 전압

그림 1-20은 앰프의 스피커 보호 릴레이가 작동하는 경우의 간략화한 회로도이다. 릴레이는 12V DC 전압용이고 구동은 그라운드 쪽에 설치된 NPN 트랜지스터의 스위칭 회로에 의해서 작동된다. (a)는 스피커 스위치가 켜지지 않은 상태여서 트랜지스터가 오픈(개방) 상태이다. (트랜지스터는 뒷부분에 나오지만 일단 실전적인 전위차 이해를 위해 먼저 소개하였으니 트랜지스터 부분을 보고 나서 이 부분을 다시 확인해 보자)

멀티미터의 흑색봉을 앰프의 그라운드에 연결하고 P1에서 12V가 측정되면 릴레이에 정상적으로 12V 전압이 인가되고 있다는 뜻이다. 그런데 릴레이 코일의 반대편 P2에서도 12V가 측정되면 코일 간에 전위차가 없다는 의미이며, 이때 릴레이에는 전류가 흐르지 않는다는 것을 의미한다. 앞서 "전위차가 없다고 전류가 흐르지 않는 것은 아니다"라고 했는데 이 경우는 전류가 흐르지 않는 경우이다.

이어서 P2와 트랜지스터의 콜렉터 P3까지 12V로 전위차가 유지된다는 것은 트랜지스터 컬렉터까지는 12V가 걸려 있으나 트랜지스터가 열려(차단되어) 그 이후로는 회로가 끊겨 있는 상태라 뜻이다. 저항 두 개가 직렬 연결된 회로에서의 전압 분포보다는 다소 복잡하지만, 근본적인 원리는 같다.

앰프의 스피커 스위치가 켜지면, (b)와 같이 트랜지스터의 베이스에 전압이 길리며, 스위치로 작동되는 트랜지스터는 포화 상태에 도달하여, 컬렉터와 이미터가 거의 도통된 상태가 된다. 거의 물리적인 스위치가 켜진 것과 유사한 상태이다.

   내 손으로 고치는 빈티지 오디오

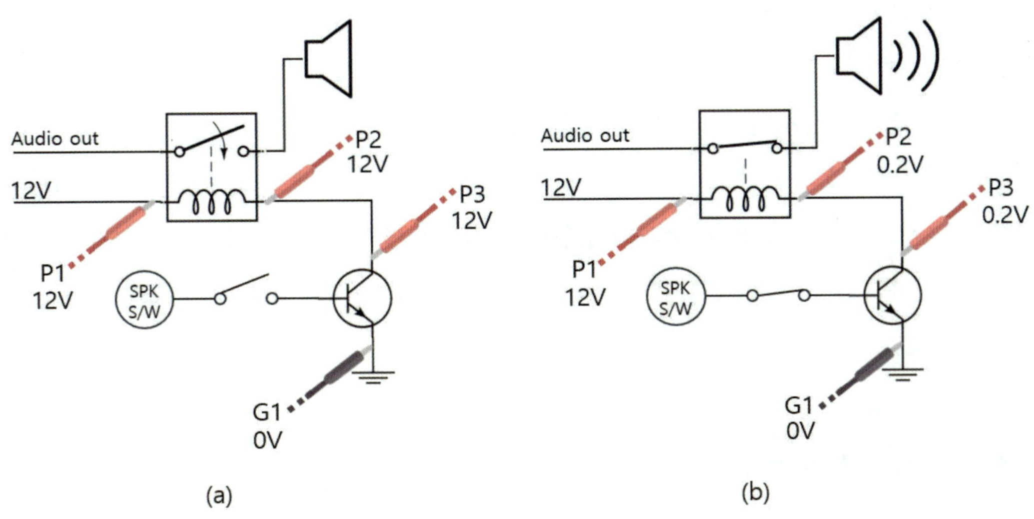

그림 1-20 스피커 보호 릴레이를 트랜지스터 스위칭으로 작동하는 경우

릴레이가 작동하지 않을 때와 마찬가지로 P1은 여전히 12V이지만, 이번에는 P2와 P3가 0.2V로 바뀌게 된다. 이는 릴레이 코일의 뒷단까지 그라운드와 거의 연결되었다는 뜻이다. 이때 0.2V 정도의 전위차가 발생하는 것은 일반적으로 트랜지스터의 컬렉터 이미터 간의 약간의 내부 저항이 존재하기 때문이다.

릴레이의 전자석 코일에 걸려 있던 12V 전압의 전류가 흐르게 되고, 생성된 자기장에 의해 릴레이 접점부가 닫히면서 스피커로 오디오 신호가 출력된다.

P1과 P2의 릴레이 코일 양단 간 전위차를 보면, (a)에서는 0V이면서 전류는 흐르지 않았고, (b)에서는 전위차가 11.8V이고 전류가 흐른다. 아래의 표에 P1-P2 간, G1-P2간 전압을 릴레이가 꺼져 있을 때(a)와 켜질 때(b)로 나누어 표기하였다.

전위차	(a)	(b)
P1 - P2	0V	11.8V
G1 - P2	12V	0.2V

각각의 경우에 전위차가 이렇게 측정된다는 것을 명확하게 이해할 수 있으면 회로 내에서

전압을 측정하고 해석하는 데 큰 도움이 된다. 그림 1-20의 전위차 측정이 앞선 그림 1-18에서의 전위차 측정과 원리적으로는 크게 다르지 않지만 릴레이와 트랜지스터가 있는 회로로 생각했을 때에는 간단치 않다. 전위차 개념을 확실히 해 둘 필요가 있다.

여기서 알아 둘 것은 릴레이의 코일은 저항이라는 것이다. 실제로 코일의 양단의 저항값은 약 1kΩ 정도로 당연히 도통 상태에서 양단에 전위차가 발생한다. 저항의 존재가 저항의 양단에 전위차를 발생시키고 유지하는 차단막이라는 개념을 확실하게 하기 위해 다음 단계로 넘어가 보자.

■ 저항은 전위차의 구분선

또다시 등장하는 트랜지스터에 대한 자세한 내용은 뒤에서 다루기로 하고 일단 여기서는 저항의 역할과 전압값만 추론해 보도록 하자. 그림 1-20에서의 트랜지스터와 같이 그림 1-21은 트랜지스터를 증폭용이 아닌 스위치로 사용하고 있다. (a)는 트랜지스터가 꺼져 있는 상태이고 (b)는 켜져 있는 상태이다. 각 상태에 따라 Vout의 전압이 달라져서 이 전압값이 주로 MCU(Micro Control Unit)에 연결되어 ON/OFF 신호를 높은 전압(High, ≒5V)과 낮은 전압(LOW, ≒0V)으로 전달하는 역할을 하는 회로라고 가정하자.

트랜지스터가 꺼졌을 때 Vout은 5V이다. 이때 Vcc와 콜렉터에 있는 저항 Rc의 값에 따라 Vout 값이 변할까? 비전공자로서 여기까지 이해하면, 회로 내 전위차에 대해 확실한 개념을 잡을 수 있게 되므로 이 부분은 꼭 짚고 넘어가자. 결론은 Rc의 값과 무관하게 항상 5V이다. 트랜지스터가 꺼져 있으므로 Vcc 5V 전원은 트랜지스터의 콜렉터까지만 다다르고 회로가 끊겨서 전류가 흐르지 않는 오픈 상태이다. 이런 개방회로 상태에서는 Rc값(수 MΩ 이상이 아닌 한)과 무관하게 Vout은 항상 5V로 유지된다. 왜 Rc에서 전류가 흐를 때 전압강하가 일어나지 않고 Rc값에 무관하게 5V를 유지한다는 것인가?라는 질문에 대한 답변은 조금 더 복잡하다. 5V를 멀티미터로 측정하는 과정 또는 MCU의 입력 신호로 연결될 때에는 대체로 그렇다라는 것이다. 멀티미터나 MCU는 내부 저항이 수 MΩ에서 10MΩ 정도로 높은 값(높은 임피던스)을 가지고 있어서 극히 미량의 전류만 흐르도록 하는 장치이다. 따라서 Vout에서 거의 전류가 흐르지 않는 수준이므로 실제로 전압강하가 일어나지 않는 것이다. 이 정도로

  내 손으로 고치는 빈티지 오디오

하고 트랜지스터가 켜지는 상황을 보자.

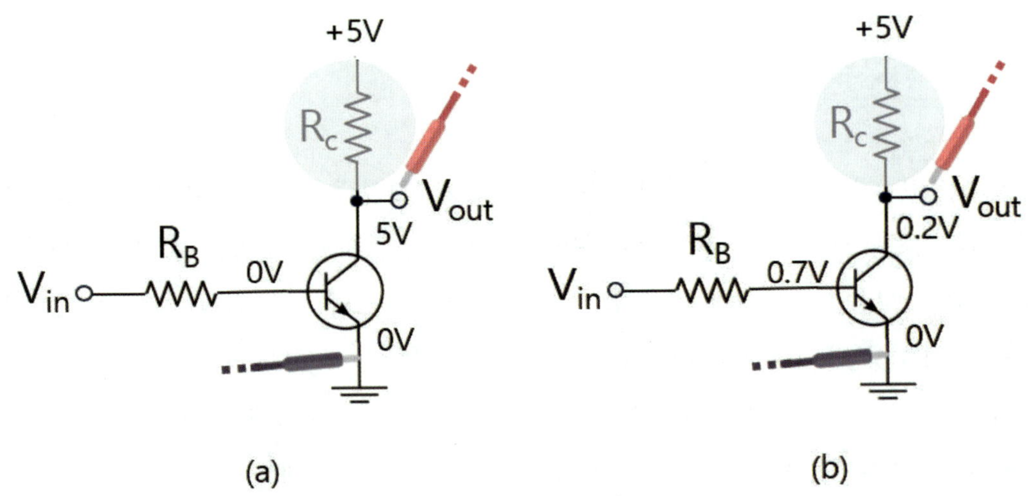

(a)   (b)

그림 1-21 스위치로 작동하는 트랜지터에서의 노드별 전위차

　(b)에서는 트랜지스터의 베이스에 0.7V가 입력되어 트랜지스터가 완전히 켜진 상태가 된다. 이때 콜렉터와 이미터 간에 도통되고, 전압차는 약 0.2V가 발생한다. 이때 Vout도 0.2V가 되는데, 이 전압이 Rc의 저항값에 따라 달라질 수 있을까? Rc가 작으면 Vcc 5V의 영향을 받아 0.2V보다 높은 값이 나올 것 같지 않은가? 그렇지 않다. 예를 들어 Rc가 500Ω이 적절한 경우라고 할 때, 10Ω처럼 낮은 저항이 사용되었더라도 전위차는 그대로 유지된다. 단지 그만큼 많은 전류가 흐르게 될 뿐이다. 이론적으로는 1Ω의 저항만 있어도 전위차는 유지된다. 단 전류가 폭주하면서 열이 발생하겠지만.

　저항은 전류를 제한하는 역할뿐만 아니라, 양단의 전위차를 유지하는 경계선 역할도 한다. Vcc로부터 전원을 공급받는 회로 내에서는, Vcc가 그라운드와 쇼트되는 것을 막기 위해 저항을 설치하고, 또한 회로 내에서 전위차를 구분하기 위해서도 저항을 설치한다.

　(b)의 경우 만일 Rc가 없다면 Vcc 5V는 트랜지스터의 도통으로 그라운드와 거의 쇼트되게 된다. 트랜지스터로 과전류가 흘러서 트랜지스터는 파손될 것이다. Rc의 역할은 이렇게 Vcc와 그라운드 사이의 전위 구분선 역할을 하는 것이다.

3 커패시터

커패시터는 전자기기에서 다양한 일을 한다. 제일 중요한 특성은 직류 전압으로 커패시터에 에너지를 충전한 후에 다시 에너지를 방출하는 에너지 저장원의 역할을 하는 것이다. 부하가 불안정할 때 안정적인 백업 전원의 역할을 할 수 있으며, 교류 전원을 정류한 후 남는 리플(ripple) 성분을 보완하여 더 매끄러운 직류로 평활할 수도 있다.

커패시터를 신호 경로에 직렬로 연결하면, 직류 성분은 차단하고 교류 신호만 통과시키는 커플링(결합) 역할을 한다. 이는 커패시터의 주파수 특성 때문인데, 주파수가 높을수록 커패시터의 임피던스(저항 성분)는 낮아지고, 반대로 직류(0Hz)에서는 매우 높은 임피던스로 작용하기 때문에 직류는 통과하지 못한다.

이번에는 커패시터를 신호 경로에 병렬로 연결하고 한쪽을 그라운드에 두면, 고주파 노이즈 성분만 바이패스(우회)되어 그라운드로 빠져나가고, 직류 성분의 신호는 노이즈가 제거된 상태로 전달된다. 커패시터의 이런 용도는 뒤에 대표 회로와 같이 자세히 살펴보기로 하고 일단 커패시터는 어떤 종류가 있는지 알아보도록 하자.

1) 커패시터의 종류

■ 세라믹 커패시터

세라믹 커패시터는 소형화가 가능하고 고주파 특성이 뛰어나며, 가격도 매우 저렴해 디지털 회로에서 바이패스, 디커플링, 발진 및 필터링 용도로 널리 사용된다. MLCC는 10μF까지도 나오지만, 가격과 DC 바이어스 특성 문제로 인해 고용량에서는 전해 커패시터나 탄탈 커패시터보다 덜 선호된다. 일반적으로 Class II 계열(X7R, Y5V 등의 일반 세라믹 커패시터)

은 온도 및 전압에 따라 정전용량 변화가 크기 때문에 정밀 커플링보다는 전원 안정화나 잡음 제거용으로 적합하다. 고정밀을 요하는 신호 경로에는 Class I 계열(NP0/C0G 등)이 쓰이지만, 용량은 작고 비용이 높다. 주로 온도변화에 민감하지 않도록 튜너의 프런트엔드에 Class I 계열이 사용된다.

- ◉ **주요 용량 범위: 1pF ~ 0.1μF**
- ◉ **주요 사용처:** 발진, 필터, 바이패스

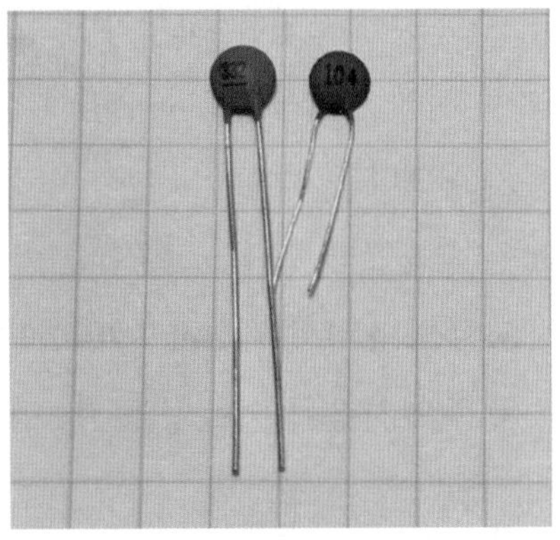

그림 1-22 세라믹 커패시터

■ 모노 커패시터(MLCC)

리드형 세라믹 커패시터 중 대표적인 모노(Monolithic) 커패시터는 다층 세라믹 구조(MLCC)로 제작되며, 소형 리드형 구성으로 일반적인 DIP 회로나 전자 키트에서 널리 사용된다. 고주파 응답이 우수하며, 가격 대비 성능도 좋지만 정전용량의 정밀성이나 온도 특성은 고급 필름이나 폴리머보다 떨어진다.

- ◉ **주요 용량 범위: 1nF ~ 0.1μF**
- ◉ **주요 사용처:** 발진, 필터, 바이패스

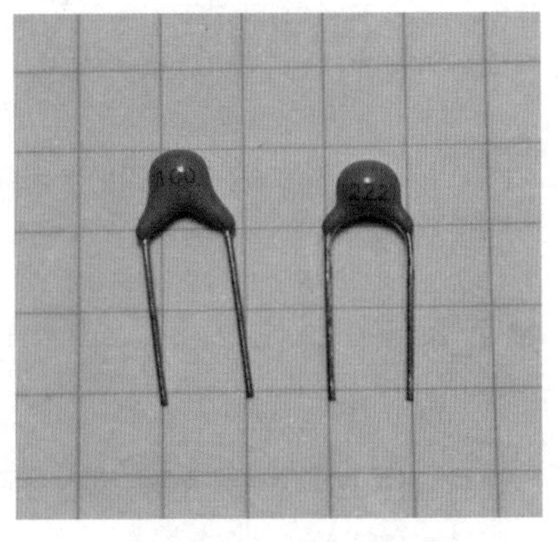

그림 1-23 모노 커패시터

■ 마일러/필름 커패시터

필름 커패시터는 폴리프로필렌 계열의 필름으로 매우 안정적인 정전용량과 우수한 절연 특성을 가지며, 온도 및 전압에 의한 특성 변화가 작다. 마일러(Mylar)는 가장 보편적인 폴리에스터 계열 필름으로 저렴하면서도 충분한 성능을 제공해 커플링, 필터링, 발진, RC 타이

밍 회로 등에 쓰인다. 고주파에서도 비교적 손실이 적고, 오디오 신호 경로에서도 많이 사용되며, 전해 커패시터보다 수명이 길고 극성이 없어 다루기 쉽다. 단점은 부피가 크고 대용량화가 어렵다는 점이다.

◉ **주요 용량 범위:** 1nF ~ 0.47μF(필름), 1nF ~ 10μF(마일러)
◉ **주요 사용처:** 커플링, 발진, 필터

그림 1-24 마일러 커패시터	그림 1-25 필름 커패시터

■ 전해 커패시터

전해 커패시터는 대용량 정전용량을 저렴한 가격으로 제공할 수 있어, 주로 전원부의 평활, 완충, 전류 공급 유지 용도로 많이 쓰인다. 커플링에도 자주 사용되지만, 극성이 있기 때문에 AC 성분만 분리할 수 있으며, 주파수가 높을수록 내부 손실이 커진다. 온도와 수명 특성에 따라 성능이 저하될 수 있으며, 리플 전류가 많은 회로나 정밀 신호 회로에는 부적합하다. 대신 MLCC나 탄탈, 필름과 병렬로 보완하는 경우가 많다.

실내용으로는 85℃, 실외용으로는 105℃가 쓰인다. 표기된 정격 전압은 실제 회로의 전압보다 최소 150% 이상 여유를 두고 선택하는 것이 좋다.

◉ **주요 용량 범위:** 0.1μF ~ 8600μF

◉ **주요 사용처:** 커플링, 발진, 완충, 평활

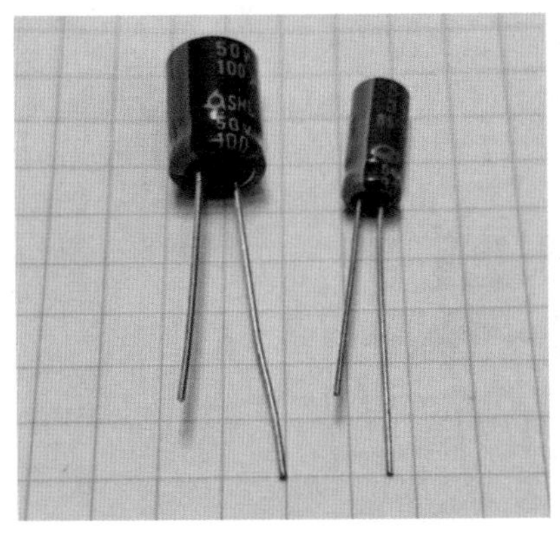

그림 1-26 전해 커패시터

그림 1-27 평활용 대용량 전해 커패시터

■ 탄탈 커패시터

탄탈 커패시터는 같은 용량 대비 전해보다 훨씬 작고 안정적인 성능을 제공한다. 정전용량 변화가 작고 ESR이 일정하여, 전압 레귤레이터의 출력 안정화, 소형 전원 회로 등에 자주 쓰인다. 그러나 극성이 있으며 역전압에 매우 취약하고, 과전류 시 발열 및 폭발 위험이 있어 반드시 보호회로나 정격 설계가 중요하다. MLCC의 고용량화로 일부 영역에서 대체되고 있으나, 정밀 전원 회로나 고밀도 회로에서는 여전히 유용하다.

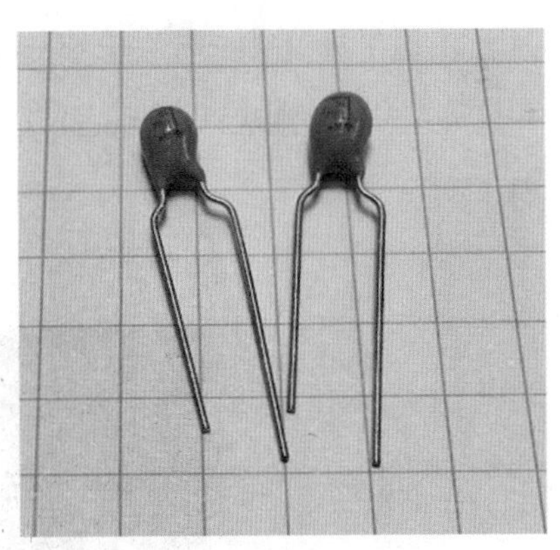

그림 1-28 탄탈 커패시터

◉ **주요 용량 범위:** 0.1μF ~ 수백μF

◉ **주요 사용처:** 커플링, 완충

■ 바리콘(Variable Capacitor), 트리머 커패시터

트리머 커패시터와 바리콘은 모두 구조적으로 가변형 커패시터이며, 공통적으로 금속 전극 사이의 면적이나 간격을 조절하여 정전용량을 변화시키는 원리를 가진다. 트리머는 일반적으로 수 pF에서 수십 pF 정도의 작은 용량을 조정할 수 있으며, 튜너나 고주파 회로의 공진점 정밀 조정을 위해 회로 내에 고정된 상태로 삽입되고 드라이버로 1회 세팅하는 용도다. 반면 바리콘은 수

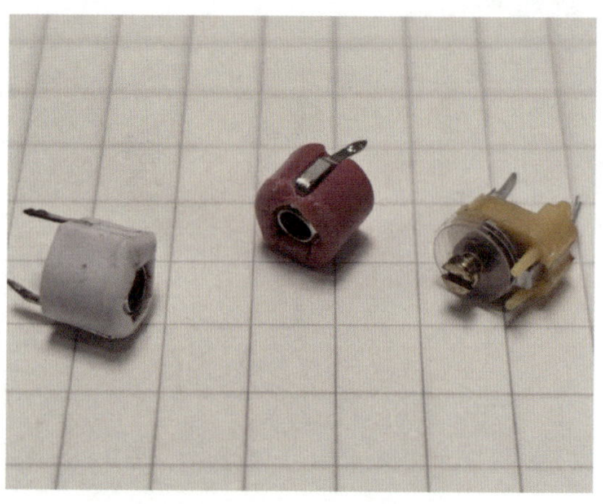

그림 1-29 트리머 커패시터

십에서 수백 pF 정도의 넓은 조정 범위를 가지고 있으며, 라디오나 아날로그 튜너의 주파수 선택을 위한 주 조절 부품으로 사용되며 손잡이를 통해 실시간 조작된다. 현대의 디지털 튜너에서는 바리콘 대신 가변 용량 다이오드(Varactor Diode, Varicap)가 쓰이지만, 트리머는 여전히 검파코일이나 중간주파수 필터의 보정용으로 남아 있다. 따라서 두 부품은 구조는 유사하지만, 조정 빈도, 용량 범위, 회로 내 위치가 다르며, 튜너 회로에서 함께 쓰이는 보완적 역할을 한다.

그림 1-30 가변 커패시터(바리콘)

■ 커패시터의 종류와 사용 주파수대

전자회로에 사용되는 커패시터는 단순히 정전용량만으로 구분되는 것이 아니라, 재질, 구조, 특성에 따라 사용되는 회로와 주파수 대역이 크게 달라진다. 예를 들어, 세라믹 커패시터는 고주파 응답이 매우 뛰어나 잡음 제거나 발진 회로에 적합하고, 전해 커패시터는 대용량 정전용량을 갖고 있어 주로 전원 회로의 평활이나 커플링 등에 사용된다. 이처럼 커패시터마다 다루기 적절한 주파수 범위가 정해져 있으며, 실제 회로에서는 이런 특성을 고려하여 커패시터의 종류를 결정한다.

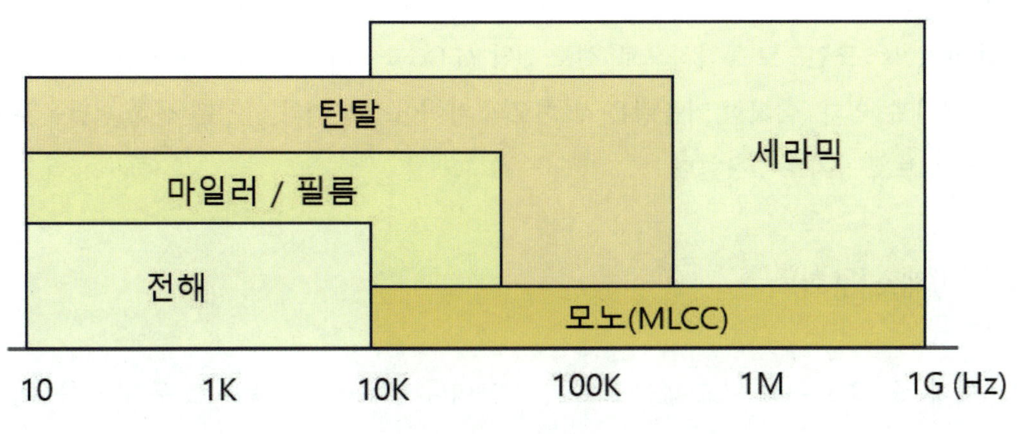

그림 1-31 커패시터 종류에 따른 사용 주파수대

그림 1-31은 대표적인 커패시터 종류들이 일반 전자기기에서 주로 사용되는 주파수 대역과 용도를 정리한 것이다. 필름 계열(예: 마일러)은 비교적 넓은 범위의 주파수에 대응하면서도 안정적인 특성을 보여 오디오 회로나 타이밍 회로 등에서 활용되며, 탄탈은 세라믹보다 정전용량은 크지만 고주파 응답은 떨어지기 때문에 저주파 영역의 정전압 회로나 바이패스용으로 적합하다. 각 커패시터의 선택은 회로의 동작 주파수, 필요한 용량, 공간 제약, 비용, 정밀도 등을 함께 고려하여 결정된다.

2) 커패시터의 용법

■ 커플링

커플링은 신호의 흐름 중에서 DC(직류)는 차단하고 AC(교류) 성분만 통과시키는 용도로 사용하는 것이다. 오디오 증폭기나 신호 처리 회로에서는 이전 단계의 출력이 다음 단계의 입력으로 전달될 때, 각 회로의 DC 기준 전위가 서로 다를 수 있다. 이때 커패시터를 신호 경로에 직렬로 삽입하면, 교류 성분만 다음 단계로 전달되므로 신호는 전달하되 직류로 인한 간섭이나 바이어스 변화는 방지할 수 있다.

예를 들어 프리앰프의 출력은 DC 바이어스를 포함하고 있을 수 있지만, 파워앰프는 그 자체의 바이어스 조건으로 동작하므로, 신호 전달 시 DC를 그대로 넘기면 왜곡이나 소자의 손상이 생길 수 있다. 이처럼 커플링은 각 회로의 바이어스 분리와 안정된 신호 전달을 위한 필수적인 보호 장치로 작용한다.

■ 바이패스(우회)

바이패스는 회로에서 필요 없는 고주파 성분이나 잡음을 그라운드로 우회시키는 용도로 커패시터를 사용하는 방식이다. 특히 전원선(Vcc)에는 각종 디지털 스위칭 동작에 의해 불필요한 노이즈가 유입되기 쉬운데, 이 노이즈가 다른 부품에 영향을 주지 않도록 전원과 GND 사이에 커패시터를 연결해 해당 고주파를 우회시킨다.

이런 바이패스 커패시터는 보통 0.1μF ~ 1μF의 세라믹 MLCC가 사용되며, 전류가 큰 회로에는 100μF 정도의 전해 커패시터와 병렬로 사용되기도 한다. 큰 용량이 느린 응답을, 작은 용량이 빠른 응답을 각각 담당하면서 서로 보완해 전원 안정성을 유지한다.

■ 필터

필터는 커패시터와 저항, 혹은 인덕터와 함께 회로를 구성하여 특정 주파수만 통과시키거나 차단하는 역할을 한다. 예를 들어, 고주파를 차단하고 저주파만 통과시키는 저역통과필터(LPF), 반대로 저주파를 차단하는 고역통과필터(HPF) 등이 있다.

커패시터는 주파수가 높을수록 임피던스가 낮아지기 때문에, 필터의 동작 원리에 핵심적인 부품이다. 오디오 회로나 센서 회로에서 필터 회로는 매우 중요하며, 이런 회로에서는 정밀도와 온도 안정성이 좋은 필름 계열 커패시터가 주로 사용된다.

■ 평활

교류(AC)를 직류(DC)로 바꾸는 정류 회로에서는, 리플(ripple)이라고 불리는 잔류 교류 성분이 남는다. 이를 제거해 부드럽고 일정한 직류 전압으로 만드는 역할을 하는 것이 바로 평활 커패시터다. 브리지 정류 뒤에 큰 전해 커패시터가 붙는 구조가 대표적이다.

보통 수백 µF 이상의 전해 커패시터가 사용되며, 이 커패시터는 전압이 상승할 때 충전되며, 전압이 떨어질 때 저장된 전하를 방출하여 출력 전압을 일정하게 유지한다. 평활은 정류 회로에서 필수적인 역할로, 이후에 붙는 정전압 레귤레이터가 안정적으로 동작하도록 만들어 준다.

■ 커패시터 용도와 종류

커패시터의 용도별로 어떤 커패시터가 주로 사용되는지 아래표에 정리하였다. 체크가 안 된 곳은 특성에 안 맞아 사용이 불가한 곳도 있지만 크기, 가격 등의 고려로 가능은 하지만 상업적으로 거의 사용하지 않은 것도 배제하였다.

종 류	커플링	발진	필터	완충	바이패스	평활
세라믹		○	○		○	
모노	○	○	○		○	
마일러/필름	○		○			
전해	○	○		○		○
탄탈	○			○		

3) 커패시터의 예제회로

■ 공통 이미터 증폭 회로

그림 1-32는 작은 입력 신호를 받아 크게 증폭해 출력하는 가장 기본적인 형태의 증폭 회로로, 트랜지스터의 이미터를 공통 접지로 하여 사용하는 구조이다.

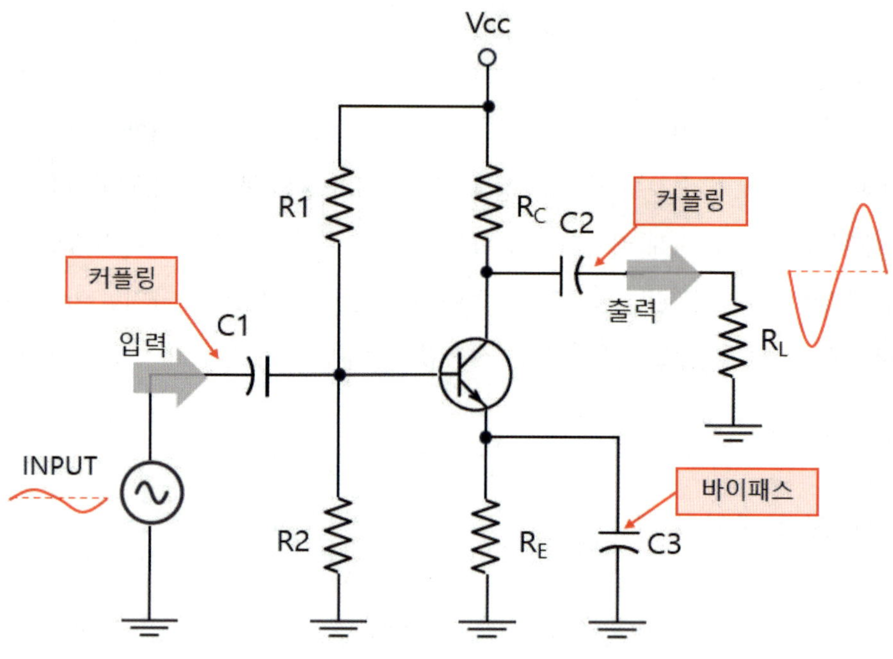

그림 1-32 공통 이미터 증폭회로 예

이 회로의 입력과 출력 사이에는 각각 C1, C2 커패시터가 있으며, 이들은 커플링 용도로 사용된다. 입력 쪽의 C1은 신호원으로부터 들어오는 AC 성분만 베이스로 전달하고, 신호원에서 생기는 DC 전압이 회로에 영향을 주지 않도록 한다. 마찬가지로 출력 쪽의 C2도 증폭된 신호의 AC 성분만 다음 단계로 보내고, 이 회로의 DC 바이어스를 다음 회로에 전달하지 않도록 차단한다.

이미터 쪽의 C3는 바이패스 커패시터로, 이미터 저항(R_E)으로 인해 생기는 부귀환(neg-ative feedback)을 고주파에서 제거하여 이득을 높이는 역할을 한다. 저주파에서는 이미터 저항의 영향을 받지만, 고주파에서는 커패시터가 이미터 저항을 단락(short)시켜 높은 증폭률을 얻을 수 있게 해 준다. 이 커패시터의 유무에 따라 주파수 특성이 달라진다.

■ IC 전원 공급 회로

그림 1-33의 회로에서는 Vcc 전원에 두 개의 커패시터가 병렬로 연결되어 있다. 큰 쪽의 C1(100μF)은 전해 커패시터로, 전원에서 순간적으로 전압이 떨어질 때 그 에너지를 공급하는 완충 역할을 한다. 주로 느린 전압 변화에 대응하며 전원 라인의 전압을 유지시켜 준다.

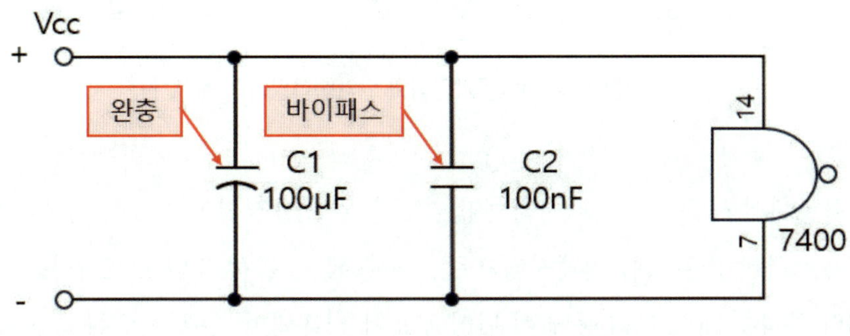

그림 1-33 7400 IC에 전원 공급 회로 예

C2(100nF)는 바이패스 커패시터로서, 디지털 회로나 마이크로 컨트롤러(MCU)의 동작 중 발생하는 고주파 잡음을 제거하는 역할을 한다. 이 두 개는 각기 다른 주파수 대역의 전압 변동을 보완하므로, 병렬 연결을 통해 전원 안정성과 잡음 제거 기능을 동시에 확보할 수 있다.

■ 저역 필터와 고역 필터 회로

　오디오 회로에서 필터는 불필요한 고주파 또는 저주파 성분을 제거하여 원하는 대역만 전달하는 데 쓰인다. 그림 1-34의 저역통과필터(LPF)는 직렬에 저항, 병렬에 커패시터가 연결되어 고주파를 그라운드로 보내고 저주파만 통과시킨다. 반대로 고역통과필터(HPF)는 커패시터가 직렬로 연결되어 저주파를 차단하고 고주파만 통과시킨다.

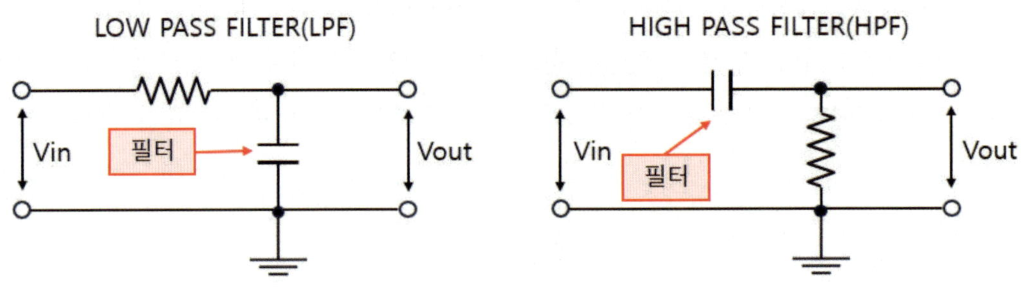

그림 1-34 저역통과필터와 고역통과필터의 예

　이러한 회로에서 사용하는 커패시터는 정밀도와 온도 안정성이 중요한 경우가 많아, 마일러나 폴리프로필렌 같은 필름 커패시터가 주로 사용된다. 특히 오디오 프리앰프 회로에서는 톤 조절이나 주파수 대역 분리 등에 이 필터 구조가 적용되며, 부품 선택이 음질에 직접적인 영향을 미친다.

■ 정류와 정전압 회로

　그림 1-35는 AC 전원이 브리지 다이오드를 통해 정류된 후, 470μF 전해 커패시터로 평활 처리되는 구조이다. 이 커패시터는 정류된 DC 전압에 남아 있는 리플을 흡수하고, 출력 전압을 부드럽게 만들어 준다. 전원부에서 가장 큰 용량의 커패시터이며, 회로의 전원 안정성을 좌우한다.

　　　　　　　　　　　　　　　　　　　　　　　　내 손으로 고치는 빈티지 오디오

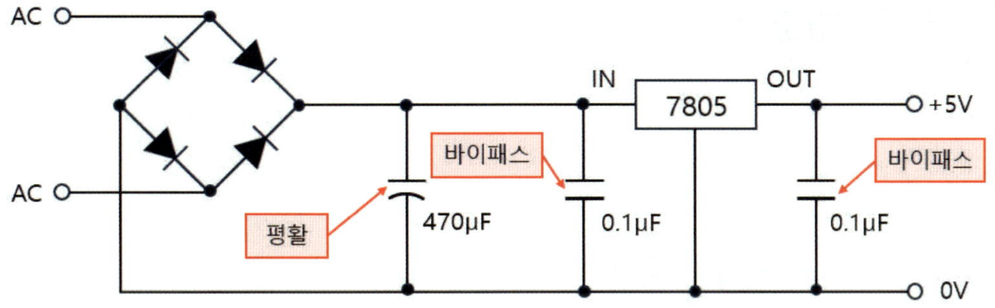

그림 1-35 정류와 정전압 회로의 예

정전압 레귤레이터(7805)의 입력과 출력에 붙는 0.1μF 커패시터는 바이패스 커패시터로, 고주파 잡음을 제거하고 IC가 안정적으로 동작하도록 보조한다. 출력 쪽에 있는 바이패스 캡은 외부 회로에서 발생하는 고주파 노이즈가 레귤레이터의 피드백 동작에 영향을 주는 것을 막아 준다.

4　인덕터(코일)

커패시터는 전기 에너지를 저장했다가 방출할 수 있으며, 신호가 빠르게 바뀌는 구간, 즉 고주파 성분에는 민감하게 반응하여 이를 바이패스시켜서 감쇠시키거나 신호라인에 통과시키는 역할을 했다. 말하자면, 전압이 갑작스럽게 변하는 상황에서 그 변화를 흡수하거나 조절하는 성질을 가진 것이다.

반면, 인덕터(코일)는 이와는 반대되는 특성을 가진 부품이다. 인덕터는 회로에 흐르는 전류의 변화에 저항하려는 성질을 갖고 있어, 전류가 갑자기 커지거나 줄어들려고 하면 그에 반대되는 전압을 발생시켜 변화 속도를 억제한다. 이처럼 커패시터가 전압에 민감하다면, 인덕터는 전류의 변화에 민감하게 반응하는 성질을 지닌다.

이러한 성질은 자기장의 원리와 깊이 관련되어 있다. 인덕터는 도선이 코일 형태로 감긴 구조인데, 코일에 전류가 흐르면 그 주위에 자기장이 형성되고, 이 자기장은 다시 코일 내부에 영향을 준다. 전류가 일정하게 흐를 때(직류)는 문제가 없지만, 전류가 갑자기 바뀌려고 하면(교류), 변화하는 자기장이 다시 코일에 반대 방향의 전압을 유도해 전류의 변화를 늦추는 힘이 작용하게 된다.

이러한 성질 덕분에 인덕터는 다음과 같은 용도로 회로에서 사용된다.

○ 전류의 급격한 증가를 막아 회로를 보호하거나, 전원 공급의 전류를 부드럽게 유지함.
○ 커패시터와 함께 사용되어 원하는 주파수 대역만 통과시키거나 차단하는 필터 회로 구성.
○ 발진 회로에서 특정 주파수의 신호를 만들어 내는 데 활용.

그런데 인덕터는 커패시터와는 달리 도선을 감고 페라이트 코어를 사용하고 자기장을 형성하여 외부 회로에 영향을 줄 수 있는 등 부피, 정밀성, 제조환경에서 커패시터보다는 제한적인 것이 현실이다. 그래서 전자기기 내부를 살펴보면 커패시터에 비해 인덕터는 찾아보기 어렵다. 인덕터의 특성이 꼭 필요한 고주파 RF 회로, 전원라인의 노이즈 제거, 스위칭 전원 (SMPS)에서 에너지 저장 및 변환, 트랜스등의 부분에서는 인덕터가 사용되고 있다.

인덕터도 커패시터만큼 용도에 따라 종류가 많지만 여기서는 간단히 소개하는 정도로만 한다. 그림 1-36에 몇 가지 인덕터의 형태를 보여 주고 있다. 좌측부터 첫 번째는 탄소저항과 같은 형태의 리드형 인덕터, 두 번째는 발진이나 필터 그리고 전원회로등의 노이즈 제거형으로 사용되는 트로이드형 인덕터, 세번째는 래디얼 단지형 인덕터, 그리고 마지막은 튜너에서 사용하는 조절형 인덕터이다.

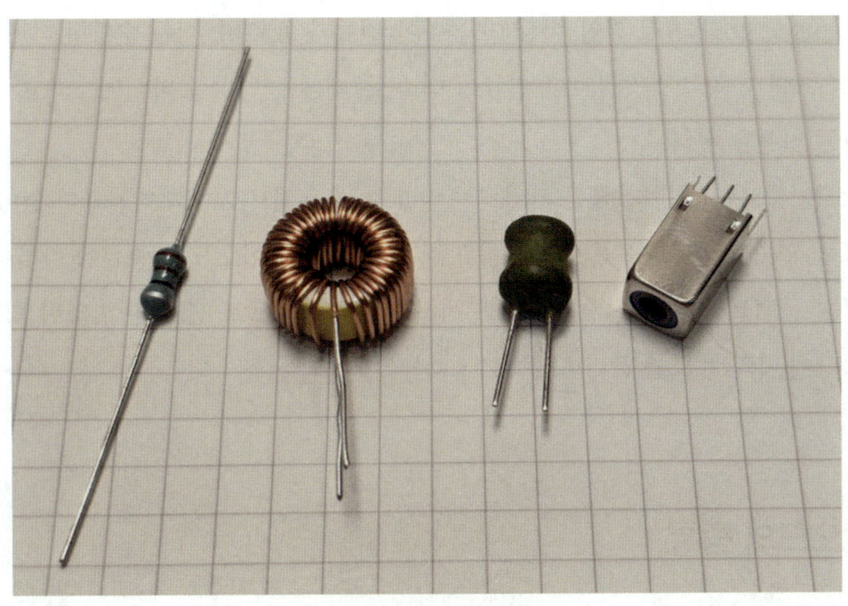

그림 1-36 인덕터의 종류

5 다이오드

다이오드는 단순해 보이는 부품이지만, 그 안에는 전류 흐름의 방향성과 회로 보호, 신호 제어 같은 중요한 개념이 숨어 있다. 다이오드는 전류를 한쪽 방향으로만 흐르게 하는 성질을 지닌 반도체로, 전기 회로에서 '일방통행 도로'처럼 작동한다. 이때 양극(anode)의 전압이 음극(cathode)보다 일정 전압 이상 더 높아야 전류가 흐르며, 이를 순방향 바이어스라고 한다. 만일 반대로 음극이 양극보다 전압이 더 높을 때에는 역방향 바이어스라고 하고 전류를 차단하는 작동을 한다.

다이오드는 주로 역방향 전류를 차단하는 용도로 사용되므로 최대역전압이 얼마인지, 순방향 전류는 얼마나 흘릴 수 있는지가 주요한 스펙이고, 다이오드의 종류에 따라 전압강하가 발생하는 문턱전압과 얼마나 빠른 속도에서도 정역방향으로 신호 손실 없이 회복되는지의 회복시간에 따라 용도를 달리 사용하기도 한다.

1) 다이오드의 종류

그림 1-37에 대표적인 다이오드를 종류별로 보여주고 있다. 좌측으로부터 정류 다이오드인 1N4007(1A)과 1N5408(3A)이 있고, 중앙에 고속 소신호 다이오드인 1N4148, 고속 다이오드인 FR107, 쇼트키 다이오드인 SB5100의 순서이다.

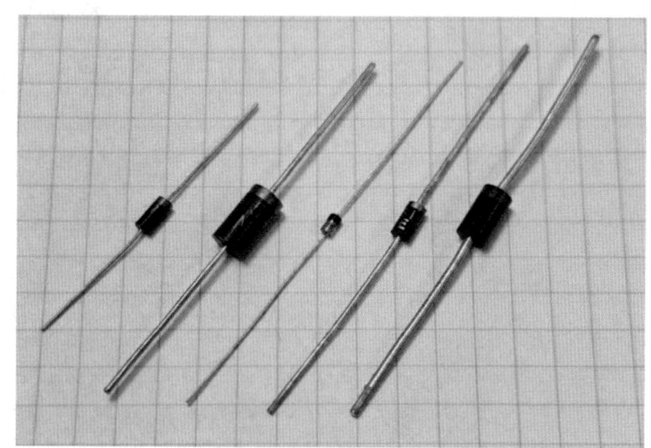

그림 1-37 여러가지 다이오드.
좌측부터 1N4007, 1N5408, 1N4148, FR107, SB5100

내 손으로 고치는 빈티지 오디오

아래는 대표적인 다이오드의 종류와 형식 그리고 용도를 구분해 놓았다. 최대 순방향 전류나 최대 역전압을 기준으로 같은 품번 계열의 시리즈가 여러 개가 있는데 품번의 자릿수가 어떤 값을 의미하는지 파악할 수 있는 수준에서 임의로 발췌해 정리하였다.

품번	형식	최대순방향 전류	최대역전압	회복시간	문턱전압
1N4001	정류	1A	50V	1-2μs	0.7V
1N4002	정류	1A	100V	1-2μs	0.7V
1N4003	정류	1A	200V	1-2μs	0.7V
1N4004	정류	1A	400V	1-2μs	0.7V
1N4007	정류	1A	1000V	1-2μs	0.7V
1N5401	정류	3A	100V	1-2μs	0.7V
1N5404	정류	3A	400V	1-2μs	0.7V
1N5408	정류	3A	1000V	1-2μs	0.7V
1N4148	고속 신호	200mA	75V	4ns	0.6V
FR101	고속	1A	50V	약 500ns	1.0V
FR104	고속	1A	400V	약 500ns	1.0V
FR107	고속	1A	1000V	약 500ns	1.0V
FR207	고속	2A	1000V	약 500ns	1.0V
1N5817	쇼트키	1A	20V	무시 가능	0.3V
1N5818	쇼트키	1A	30V	무시 가능	0.3V
1N5819	쇼트키	1A	40V	무시 가능	0.3V
SB5100	쇼트키	5A	100V	무시 가능	0.3V
SB5200	쇼트키	5A	200V	무시 가능	0.3V

표에 정리된 정류 다이오드를 보면 순방향 전류 1A의 4000 시리즈와 3A의 5400 시리즈가 있다. 전자기기에서는 같은 시리즈 중 최대 역전압이 높은 1N4007이나 1N5408과 같은 최고 사양의 다이오드를 주로 사용한다. 부피나 가격 차이가 크지 않아 범용적으로 선택된다. 그래서 정류용으로는 1N4007과 1N5408만을 부품용으로 준비해 두면 편리하다. 고속 다이오드나 쇼트키 다이오드에서도 마찬가지로 최고 스펙을 주로 사용한다.

그림 1-37을 보면 1N4148 소신호 다이오드를 제외하고는 모두 동일한 검정색 패키지로

되어 있어 서로 구별하기가 쉽지 않다. 그러나 위에 정리한 분류에 대한 이해만 있다면 어렵지 않게 다이오드를 용도에 따라 구별해 낼 수 있을 것이다.

먼저 정류 다이오드는 AC를 DC로 정류하는 데 사용하는 다이오드이다. 순방향 전류와 역방향 내전압이 상당히 높아 안정적으로 사용이 가능하다. 다만 고주파에 대응하는 회복 속도는 다이오드 중 가장 느리므로 고주파 신호처리용으로는 사용할 수 없다. 앞서 언급했듯이 보통 최고 스펙인 1N4007과 1N5408을 주로 사용한다.

1N4148은 고속 소신호 다이오드인데 스위칭 다이오드라도 불린다. 빠른 회복속도로 고주파 소신호 제어용으로 사용 가능하지만 처리할 수 있는 전류가 작다는 점을 기억해 두면 좋겠다.

제품 품번의 FR(Fast Recovery), UF(Ultra Fast), SB(Schottky Barrier)는 약어로 알 수 있듯이 고속다이오드나 쇼트키 다이오드이다. 빠른 회복시간을 목적으로 만들어진 다이오드로 이들은 주로 스위칭 전원 장치(SMPS)에 많이 사용되는 다이오드이고 일반적인 가전기기에는 거의 사용되지 않는다.

2) 제너 다이오드

제너 다이오드는 순방향으로는 일반 다이오드와 같이 약 0.6 ~ 0.7V의 문턱전압을 가지고 전류를 흐르게 한다. 반면 역방향으로는 미세한 항복전압이 설정되어 있고, 항복전압을 넘어서 역방향으로 전류를 흐르게 하는 특성이 있다. 이를 제너전압 또는 제너항복전압이라고 하고 일반 다이오드와는 달리 항복 전압에서 파괴되지 않고 사용할 수 있으므로 역방향 전압과 역방향 전류의 흐름을 이용한다. 그림 1-38은 역방향 전압 100V 이상으로 파괴가 일어나는 일반 다이오드의 항복전압과 대표적인 제너 전압 다이오드를 표현하였다.

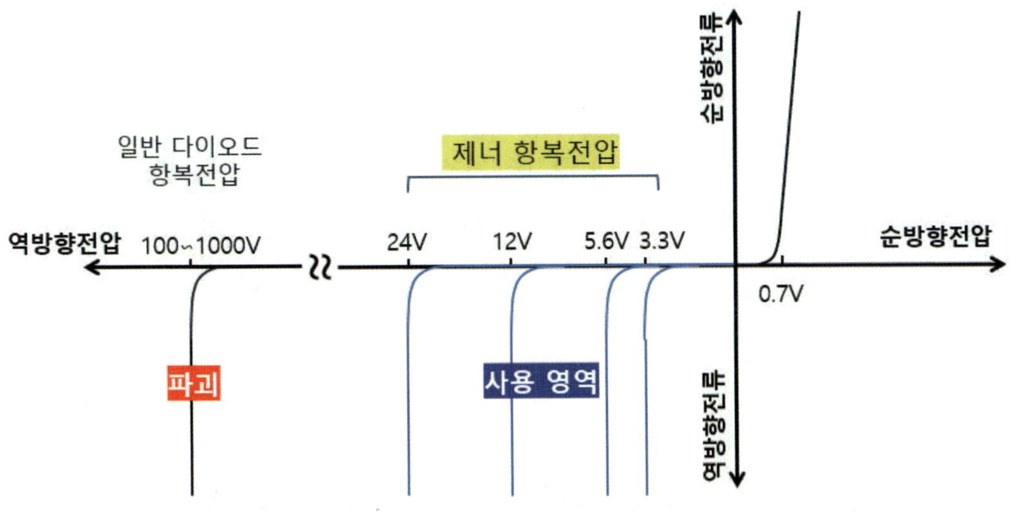

그림 1-38 제너 다이오드의 항복 전압

이 특성을 활용해서 제너 다이오드는 주로 정전압을 만드는 용도로 사용한다. 그림 1-39는 제너 전압 5V인 제너 다이오드를 이용해서 부하에 정전압 5V를 만드는 기본 회로이다. 메인 전원 9V로부터 제너 다이오드가 병렬로 연결되어 있고, 제너 전압 5V가 초과하는 4V만큼의 전압은 제너 다이오드를 통과하여 그라운드로 흘러가게 된다.

이로써 제너 다이오드의 음극은 항상 5V를 유지하게 되고 부하쪽에 안정적으로 5V 전압을 공급할 수 있게 된다. 제너 다이오드는 이런 식으로 제너 전압을 초과하는 역방향 전압을 흘려보내고 제너 전압만큼의 고정적인 전압을 유지할 수 있게 한다.

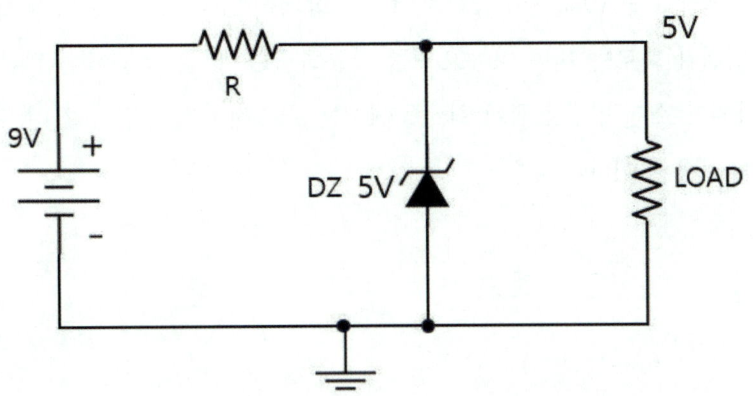

그림 1-39 제너 다이오드의 정전압 회로

고전력 정전압 회로의 적용에서는 대부분 그림 1-40과 같은 구성으로 활용한다. 그림 1-39 와 같은 회로에서는 제너 전압을 초과한 전류를 제너 다이오드가 모두 흘려보내야 하므로 상당한 소비전력이 발생한다. 제너 다이오드가 감당할 수 있는 전력량의 한계 때문에 그림 1-40과 같이 제너 전압은 트랜지스터의 베이스 기준전압으로만 인가하고 부하로 전달되는 전류는 트랜지스터가 담당하도록 하여 제너 다이오드의 소비 전력을 줄이도록 구성한다.

이때 제너전압은 베이스 전압이므로 실제 부하에 공급되는 정전압은 이미터 전압으로 0.6V 정도 낮은 전압으로 공급된다.

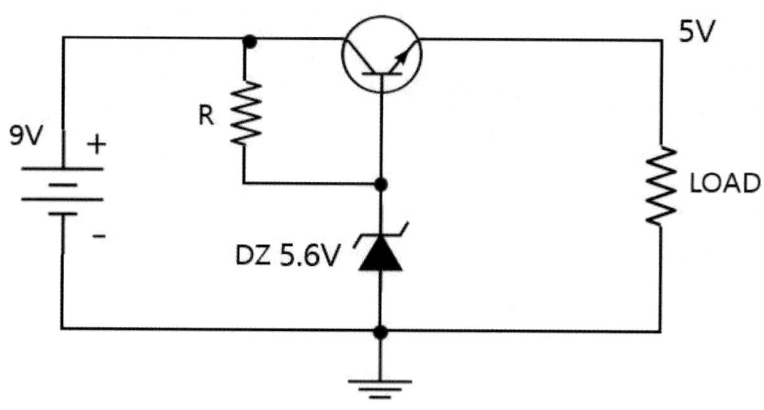

그림 1-40 트랜지스터와 결합하여 구성한 제너 다이오드 정전압 회로

최근 전자기기의 정전압 회로는 7805, 7812와 같이 효율 좋은 정전압 IC를 사용하는 것이 대부분이다. 정전압 IC는 1980년대 중반부터 일반화되어 범용으로 사용되기 시작했고 그 전에는 대부분 정전압 회로는 제너 다이오드를 사용하였다. 많은 부분이 정전압 IC로 대체되었지만 현재까지도 소전력 신호체계 회로등에서는 효율적이고 간단한 제너 다이오드 정전압 회로가 많이 사용 중이다.

내 손으로 고치는 빈티지 오디오

6   LED

LED는 pn접합 다이오드의 일종이지만 가시광선이나 적외선을 발광하도록 설계된 부품이다. LED의 양극(Anode) 전압이 음극(Cathode)보다 1.8 ~ 2V 정도 높으면 전류가 흐르면서 빛을 내지만 극성을 거꾸로 하면 일반 다이오드처럼 전류가 흐르지 않아 빛이 나오지 않는다.

1) LED의 종류

LED의 종류는 크게 소신호용 LED(3mm, 5mm) 다이오드와 조명용 다이오드로 나뉜다. 여기서는 소신호용 다이오드에 대해서만 알아보도록 하자.

최초의 소신호용 다이오드는 빨간색이었다. 지금은 백색까지 다양한 색상의 다이오드가 개발되어 있다. 색상마다 전압강하(Vf)가 다르다는 점을 알아 둘 필요가 있다. 아래 표는 색상별 다이오드의 일반적인 전압강하 수치이다.

색상	전압강하(Vf)	파장범위	주재료
빨간색(Red)	1.8 ~ 2.2V	620 ~ 750nm	GaAs, AlGaAs
노란색(Yellow)	2.0 ~ 2.2V	570 ~ 590nm	GaAsP
녹색(green)	2.0 ~ 2.4V	500 ~ 570nm	GaP, GaAsP
파란색(Blue)	2.8 ~ 3.3V	450 ~ 495nm	InGaN
백색(White)	3.0 ~ 3.3V	혼합광	InGaN + 형광체
자외선(UV)	3.2 ~ 3.8V	〈 400nm	SiC, GaN

그림 1-41에 색상별 소신호 LED를 보여 주고 있다. 우측에서 두 번째 무색의 LED는 리드선이 4개이다. 이 LED는 3색 LED로 긴 리드선이 공통 양극 또는 음극이 되고 나머지 리드선

들과 전류가 흐르면 지정된 색상이 발광한다. 가장 우측 LED는 조명용 LED로 정방향 전류 (IF)는 수십 mA가 되고 전압강하 VF는 수V까지 나온다.

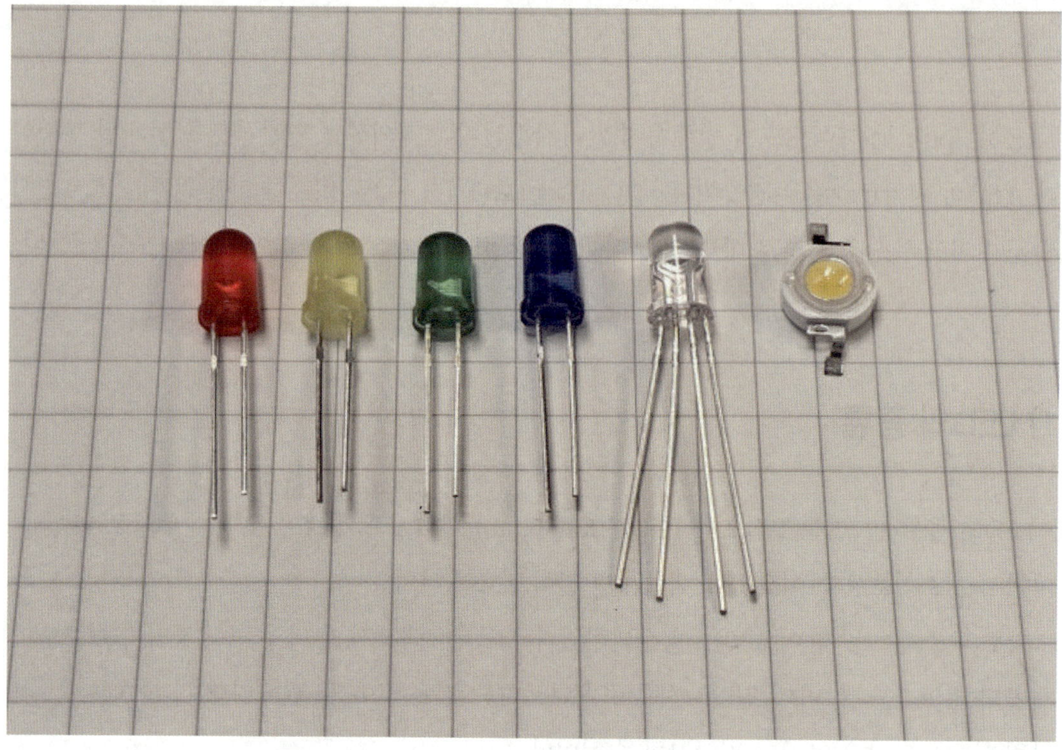

그림 1-41 색상별 소신호 LED와 조명용 LED(맨 우측이 조명용 LED이고 우측에서 두 번째는 3색상 LED이다)

2) LED 보호 저항의 설정

LED를 켜기 위해서는 LED의 순방향 전압(VF)보다 큰 전압을 인가하고, 저항을 통해 전류 를 LED의 최대 정방향 전류(IF)보다 낮은 수준으로 제한하면 된다. 소신호 LED의 경우 정격 은 20mA 정도 되지만 실용적 사용에서는 약 10-15mA만 흘려도 충분하다. 10mA를 LED의 순방향 전류로 설정해서 전류 제한용 저항의 크기를 계산해 보자.

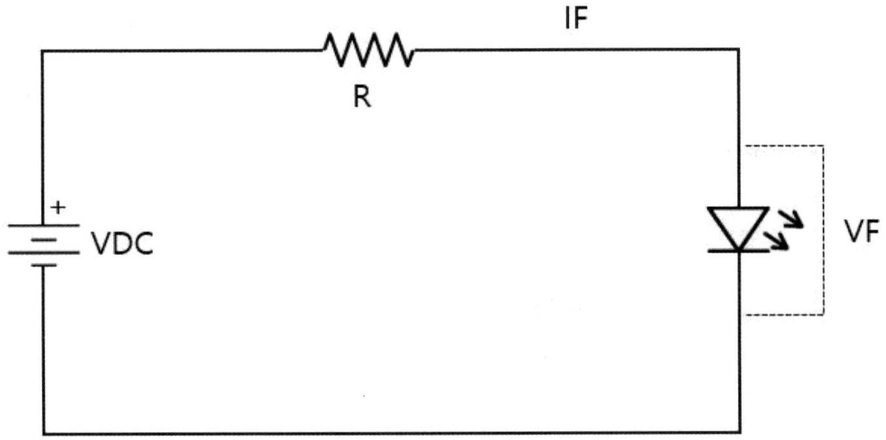

그림 1-42 DC 전원, 저항과 LED가 직렬로 연결된 회로

그림 1-42는 직류 전원 VDC와 저항, LED가 직렬로 연결된 간단한 회로이다. LED로 흐르는 전류 IF, LED의 양극단 전위차는 VF(전압강하값)라고 한다.

LED를 안전하게 켜는 회로를 만들어 보자. 간단한 산수 수준의 계산은 필요한데 LED에 흐르는 전류를 조절하기 위해 필요한 저항을 계산하는 것이 필요하다.

VDC가 9V이고 LED에 흐르는 전류를 10mA로 하기 위한 저항값 R은 아래와 같은 공식으로 계산할 수 있다. LED에서의 전압강하 VF는 2V라고 하자.

$$R = \frac{BDC - VF}{1F} = \frac{9 - 2}{0.01} = 700 \ \Omega$$

LED에 10mA를 흐르게 하는 저항값은 700Ω이다. 그러나 표준저항 시리즈에서 700Ω에 가까운 저항은 680Ω 과 750Ω이다. 680Ω이면 IF는 10.3mA이고 750Ω이면 9.3mA가 된다. 어느 저항을 사용해도 크게 관계없다.

그림 1-43은 두개의 LED가 직렬로 연결된 회로이다. 이제는 어렵지 않다. 그림 1-42와 동일한 조건이고 단지 동일한 LED가 두 개 연결된 것이다. 역시 IF가 10mA가 되는 저항 R 값을 계산해 보자.

$$R = \frac{9 - 2 - 2}{0.01} = 500 \; \Omega$$

이번에는 전압강하가 4V가 일어나서 저항은 500Ω으로도 충분하다. 역시 표준저항 시리즈에서는 470Ω이나 510Ω 정도를 사용하면 된다.

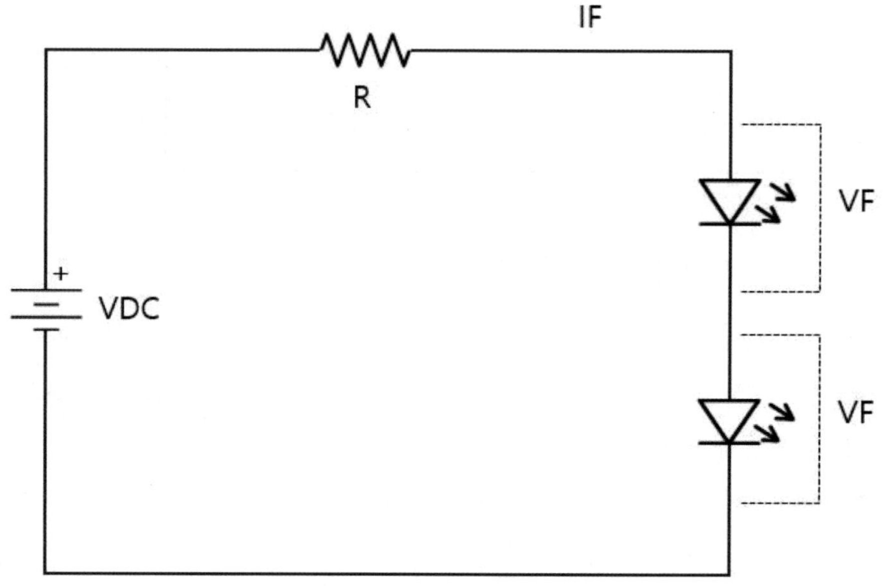

그림 1-43 LED 두 개가 직렬로 연결된 회로

이번에는 그림 1-44와 같이 LED를 병렬로 연결해 보자. VDC는 9V이고, LED는 VF가 2.0V로 동일하다고 하자. 이때 IF를 10mA로 하기 위한 저항 R의 값을 구해 보자. 병렬 연결된 LED는 LED 양끝단의 전압이 동일하다. 즉 두 개의 LED에 완전히 동일한 전압이 걸리는 것이다. 따라서 LED 병렬 연결된 묶음에 20mA가 흐르면 양쪽으로 10mA씩 나눠서 흐르게 되므로 위의 방법으로 계산을 해 보면 저항값은 350Ω이 나온다. 그러면 이론적으로는 LED에 모두 10mA씩 흐르고 동일한 밝기로 켜지게 될 것이다.

이론적이라고 말한 것에 눈치를 챘듯이 실제로는 이렇게 작동하지 않는다. 일단 LED는 저항이 아니라는 점을 기억해 두자. LED는 양단에 걸리는 전압에 따라 전류의 양이 결정되는

내 손으로 고치는 빈티지 오디오

소자이다. 다이오드 특성곡선에 보듯이 전압의 차이가 소폭으로 생겨도 전류의 양은 확연히 달라지는 비선형적 관계이다. LED의 VF는 2.0V이라고 했지만 완전하게 동일한 VF는 사실상 제조가 불가능하다.

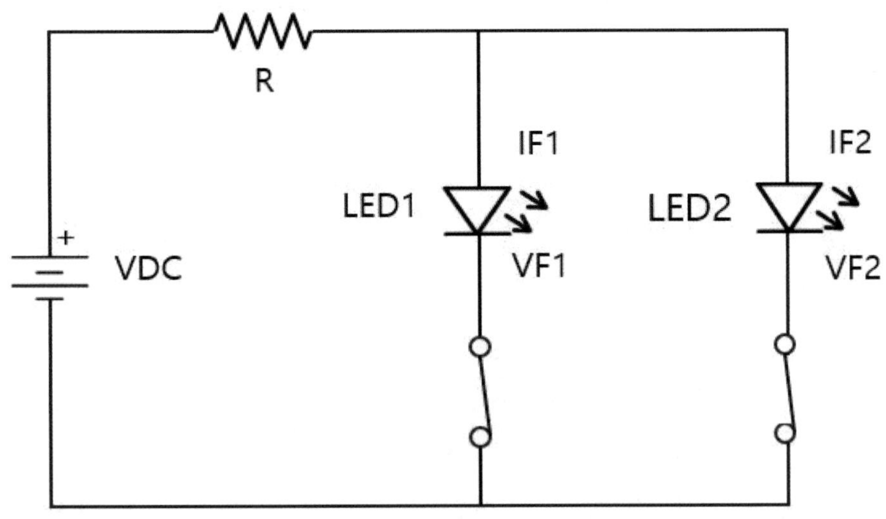

그림 1-44 두 개의 LED가 병렬 연결되고 저항은 공통으로 한 개가 설치된 회로

VF와 IF의 관계는 지수함수적 관계를 가지고 있다. 예를 들어 아주 작은 차이의 VF에서 전류의 변화가 얼마나 달라지는지 아래 표를 보자. 실제로 전압과 전류의 변화값은 아니고 대략 이런 경향이 있다는 것이라는 것을 참조하자.

전압(VF, V)	전류(IF, mA)
1.90	0.01
1.95	0.1
2.00	10
2.05	100
2.10	1000

LED1과 LED2의 VF 차이가 조금이라도 생기면 한쪽의 LED에 상대적으로 많은 전류가 흐

르게 된다. 결과적으로 아래와 같이 정리할 수 있다.

- 병렬로 연결된 LED들의 VF가 조금이라도 다를 경우, 더 낮은 VF를 가진 LED에 전류가 집중된다. 낮은 VF의 LED가 먼저 도통된다는 점을 기억하자.
- LED의 전압-전류 특성은 지수 함수적 관계이므로, 0.05V 차이만 있어도 전류는 10배 차이가 날 수 있다. 결과적으로 한 LED에 전체 전류의 대부분이 집중되고, 나머지 LED는 거의 점등되지 않을 수 있다.
- 만약 병렬 LED가 3개, 4개 이상이고, 이를 모두 켜기 위해 총 전류를 더 크게 설정했다면, 그중 VF가 가장 낮은 LED 하나에 너무 많은 전류가 집중될 수 있어, 파손 위험이 커진다.

그림 1-45와 같은 병렬연결을 생각해 보자. 이번에는 LED마다 저항을 각각 직렬로 연결한 구조이다. 얼핏 그림 1-44와 크게 다를 것 같지 않지만 실제로는 완전히 다르게 작동한다. 앞과 동일한 조건으로 저항 R을 계산하면 이번에는 LED 하나마다 10mA를 흐르게 하기 위해서 저항 R1과 R2는 모두 700Ω이다.

LED가 병렬로 연결되었지만 LED마다 전류를 제한하는 저항이 각각 설치되어 있으므로 그림 1-44와 같은 LED의 VF 차이에 따른 전류 이상배분 현상이 발생되지 않는다. 또 한 가지 가능성을 생각해 보자. 병렬 연결 LED가 켜지거나 꺼지는 상황에서는 어떻게 작동할까?

LED 아래에 놓인 스위치 작동으로 LED를 모두 켤 수도 있고 LED1이나 LED2 중 하나를 끌 수도 있다고 생각해 보자. 이렇게 해도 전류에는 문제가 없을까? 먼저 LED1만 켜지는 경우 꺼지는 LED2 라인은 회로에서 배제해도 된다. 즉 LED1으로 구성된 직렬회로와 같다. 그러므로 R1 700Ω으로 LED1에는 10mA가 흐르게 된다.

이번에는 두 개의 LED가 모두 켜지는 상황을 생각해 보자. LED가 3개, 4개여도 관계없다. R1, R2가 병렬로 연결되므로 합성 저항은 350Ω으로 계산되고 공급되는 총전류는 20mA로 늘어난다. 그리고 병렬 연결점에서 동일한 저항값에 따라 10mA로 각기 배분되어 두개의 LED에 모두 각각 안정적인 전류가 흐르게 된다. 즉 병렬연결에서는 연결된 LED 중 몇 개를 켜든지 간에 LED의 VF 차이와 관계없이 계획된 전류가 흐르게 된다.

그림 1-44에서 만일 한 개의 스위치를 열어서 LED가 한 개만 켜지게 했다면 어떻게 될까? 저항이 350Ω이었으므로 LED에 계획보다 두 배인 20mA가 흐르게 된다.

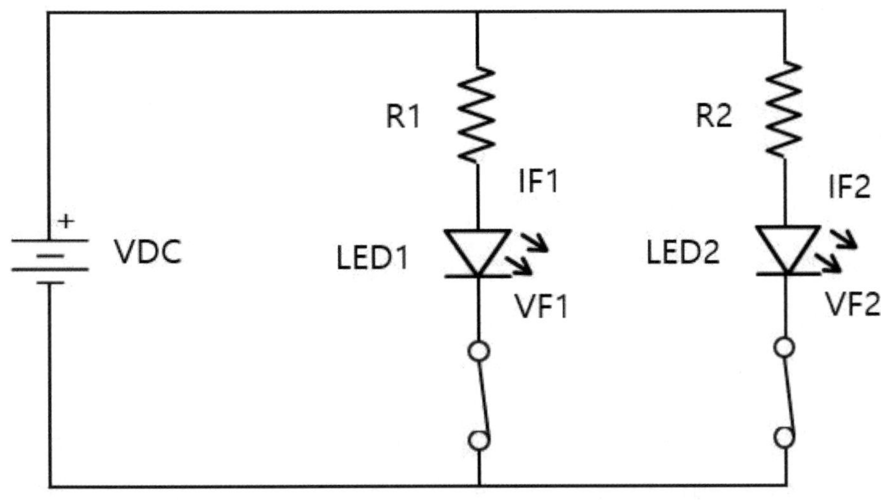

그림 1-45 두 개의 병렬 LED와 저항이 쌍으로 연결된 회로

LED의 직렬 연결과 병렬 연결은 각기 장단점이 있다. 직렬연결에서는 총전류가 동일하므로 안정적으로 전류량을 관리할 수 있지만 VF의 누적으로 공급전압이 높아져야 하는 부담이 있고, 만일 한 개의 LED가 파손되면 직렬상의 모든 LED는 작동을 안 하는 상황이 발생한다.

병렬연결에서는 VF 누적에 따르는 공급전압 관리는 부담이 없지만 반대로 전류가 누적되는 상황이 생긴다. 그래서 여러 개의 LED를 점등해야 하는 회로는 직렬과 병렬을 적절히 혼합하여 사용하기도 한다.

7 트랜지스터

트랜지스터는 현대 전자 회로의 핵심 부품 중 하나로, 전류를 증폭하거나 스위칭하는 역할을 한다. 1947년에 처음 개발된 이후 진공관을 대체하면서 전자기기의 소형화와 고성능화를 이끈 주역이기도 하다. 오늘날 우리가 사용하는 스마트폰, 오디오, 컴퓨터, 심지어는 간단한 센서 회로에 이르기까지 거의 모든 전자기기 내부에는 수많은 트랜지스터가 사용되고 있다. 트랜지스터는 전기를 단순히 흐르게 하는 부품이 아니라, 전기의 흐름을 제어하고 조절하는 능동소자로 분류된다.

이 책에서는 트랜지스터 가운데 바이폴라 접합형 트랜지스터(BJT)를 중심으로 다룬다. BJT는 세 개의 단자—베이스(Base), 이미터(Emitter), 컬렉터(Collector)—로 이루어져 있으며, 작은 베이스 전류를 통해 큰 컬렉터-이미터 전류를 제어할 수 있는 구조를 갖고 있다. 이 원리는 흔히 수도꼭지 비유로 설명된다. 마치 수도 꼭지를 약간만 돌려도 많은 양의 물이 흐르듯, 베이스에 소량의 전류를 흘려 주면 컬렉터에서 이미터로 많은 전류가 흐르게 된다. 베이스는 일종의 '제어 손잡이' 역할을 하며, 그 조절에 따라 전체 회로의 전류 흐름을 크게 변화시킬 수 있다.

이러한 특성 덕분에 트랜지스터는 회로 내에서 크게 두 가지 방식으로 활용된다. 하나는 증폭기로서의 역할이다. 마이크로폰처럼 아주 작은 전류 신호를 트랜지스터에 입력하면, 이 신호가 수십 배 이상 커져 스피커를 울릴 수 있을 만큼 증폭된다. 또 하나는 스위칭 소자로서의 역할이다. 트랜지스터를 적절히 구동하면 회로를 전기적으로 '켜고 끄는' 동작을 할 수 있으며, 이는 릴레이나 LED, 모터 등을 제어하는 데 자주 사용된다. 실제 디지털 회로나 전원 제어 회로에서도 이 스위칭 기능이 매우 널리 활용된다.

1) 트랜지스터의 종류

트랜지스터는 동작 원리는 동일하지만, 외형과 패키지에 따라 다양한 형태가 존재한다. 그림 1-46은 트랜지스터의 여러 패키지 형식을 보여 준다. 가장 흔하게 많이 볼 수 있는 TO-92는 작은 크기의 원통형 또는 플라스틱 패키지로, 주로 소신호 증폭이나 센서, 스위칭 등 작은 전류와 전압을 다루는 회로에 사용된다. 반면 TO-220, TO-3P 같은 패키지는 눈에 띄게 크고 방열판을 부착할 수 있도록 설계되어 있으며, 주로 전류가 많이 흐르는 출력용 트랜지스터에 쓰인다. 중간 크기인 TO-126은 소신호용보다 큰 전류를 다룰 수 있지만, 최종 출력용으로 쓰기에는 한계가 있는 중간급 패키지이다. 주로 오디오에서는 출력단 앞의 드라이버 트랜지스터 또는 중출력 트랜지스터로 사용된다.

그림 1-46 트랜지터의 종류와 패키징 규격(TO-18과 TO-3는 현재에는 거의 쓰이지 않는다)

패키지 크기와 모양이 달라도, 트랜지스터의 기본 구조와 동작 원리는 동일하다. 모두 3단자 구조이며, 베이스 전류를 통해 컬렉터-이미터 간 전류를 제어하는 방식이다. 따라서 TO-92 패키지나 TO-3P 패키지 모두 전기적으로는 동일한 기능을 수행하지만, 열 방출 능력과 취급 가능한 전력량에서 차이가 있다.

결론적으로, TO-92를 '소신호용', TO-220을 '출력용'이라 부르는 것은 그 패키지가 감당할 수 있는 전력의 차이에 기인한다. 전자회로에서 트랜지스터의 용도는 패키지 크기를 통해 어느 정도 판단할 수 있으며, 회로의 요구 전력에 맞추어 적절한 패키지를 선택하는 것이 중요하다.

2) NPN과 PNP

트랜지스터는 전류 흐름의 방향과 바이어스 전압 극성에 따라 NPN형과 PNP형으로 나뉜다. 두 형식 모두 베이스(Base), 컬렉터(Collector), 이미터(Emitter)라는 세 단자를 가지지만, 각 단자에 가해지는 전압의 극성과 전류 흐름 방향은 서로 반대이다. 그림 1-47을 보자. 회로도에서는 트랜지스터 기호의 화살표 방향으로 전류가 흐르며, 이는 항상 이미터 방향을 기준으로 표시된다. NPN형은 화살표가 밖으로, PNP형은 안으로 향한다.

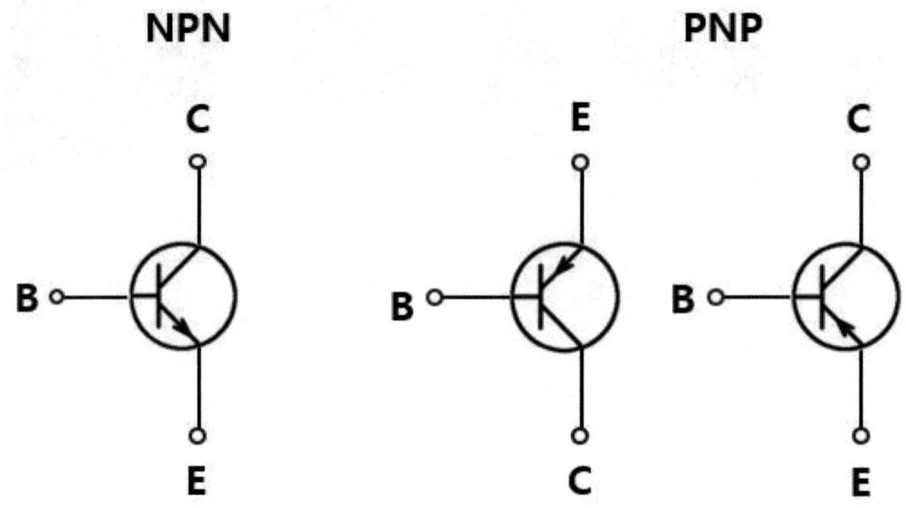

그림 1-47 NPN 트랜지스터와 PNP 트랜지스터

앰프의 출력부 트랜지스터로 사용되는 PNP를 표현할 때는 특히 그림 1-47처럼 이미터를

내 손으로 고치는 빈티지 오디오

위에 컬렉터를 아래로 그린다는 점을 기억하자. 회로도에서 NPN형 트랜지스터는 화살표가 이미터 쪽에서 외부로 향하고, PNP형은 안쪽으로 향한다. 일반적으로 PNP 트랜지스터는 위쪽에 이미터, 아래쪽에 컬렉터를 두는 방식으로 도식화되며, 이는 NPN과 쌍으로 사용되는 회로에서 그라운드를 중심으로 상보 대칭 구조를 표현하기 위함이다.

NPN형 트랜지스터는 베이스가 이미터보다 약 0.6V ~ 0.7V 정도 높아야 동작한다. 예를 들어 이미터가 GND(0V)라면, 베이스는 0.7V 이상, 컬렉터는 그보다 더 높은 수 V 이상의 전압(예: 5V, 12V 등)이 되어야 한다. 이 조건이 충족되면 컬렉터에서 이미터 방향으로 전류가 흐른다. 반대로 PNP형은 이미터가 기준 전압이고, 베이스가 그것보다 0.6 ~ 0.7V 낮은 전압이 되어야 동작한다. 예를 들어 이미터가 +12V라면 베이스는 약 +11.4V 이하로 떨어져야 하고, 컬렉터는 보통 베이스보다 더 낮은 전압이 된다. 이때 전류는 이미터에서 컬렉터로 흐른다. 동작 원리는 비슷하지만, 전원 극성과 제어 신호의 전압 레벨이 다르다.

일반적으로 회로 설계에서 NPN형이 더 널리 사용되며, 이는 대부분의 전자 회로가 양전원(+V)을 기준으로 설계되기 때문이다. NPN형은 전압이 '올라가는' 방향에서 쉽게 제어되므로 다루기 편하고, 스위칭 회로나 증폭 회로에서 널리 활용된다. 그러나 PNP형 역시 보완적인 역할로 자주 사용되며, 특히 푸시풀(Push-pull) 출력단이나 상보형(Complementary) 증폭 회로에서는 NPN과 PNP가 쌍을 이루어 동작하게 된다. 회로도를 볼 때 이들 트랜지스터의 기호 차이와 전류 흐름 방향을 정확히 인식하는 것이 중요하다.

3) 차단영역, 활성영역, 포화영역

트랜지스터는 베이스 전류에 따라 컬렉터와 이미터 사이로 흐르는 전류를 조절하는 소자이다. 일반적으로 "베이스 전압이 0.7V를 넘으면 트랜지스터가 켜진다"고 설명되지만, 실제로 중요한 것은 베이스에 흐르는 전류이다. 실리콘 NPN 트랜지스터의 경우, 베이스-이미터 전압(Vbe)이 약 0.6 ~ 0.7V 이상이 되어야 전류가 흐르기 시작하며, 이 전압을 넘어서면 베이스 전류가 증가하면서 컬렉터 전류도 비례해서 증가한다. 따라서 단순히 "전압이 높아지면 전류가 흐른다"는 말은 맞지만, 증폭 작용은 전류에 의해 제어되며, 베이스 전압은 그 전류가 흐를 수 있도록 만드는 조건일 뿐이다.

그림 1-48에 트랜지스터의 동작 상태에 따라 세 가지 영역으로 나뉘는 것을 보여 주고 있다. 첫째는 차단 영역(cut-off region)으로, 베이스 전압이 0.6V 미만이거나 베이스 전류가 없는 상태이다. 이때 트랜지스터는 꺼진 상태로 컬렉터 전류가 거의 흐르지 않는다. 두 번째는 활성 영역(active region)이다. 이 영역에서는 베이스에 전류가 흐르면서 트랜지스터가 증폭기로 동작한다. 베이스 전류가 일정한 비율로 증폭되어 컬렉터 전류가 흐르며, 이 영역이 신호 증폭용으로 사용되는 구간이다. 마지막으로 포화 영역(saturation region)은 베이스 전류가 충분히 커져서 트랜지스터가 완전히 켜진 상태이다. 이때 컬렉터-이미터 전압(Vce)은 매우 낮고(약 0.2V), 더 이상 베이스 전류를 늘려도 컬렉터 전류는 거의 증가하지 않는다.

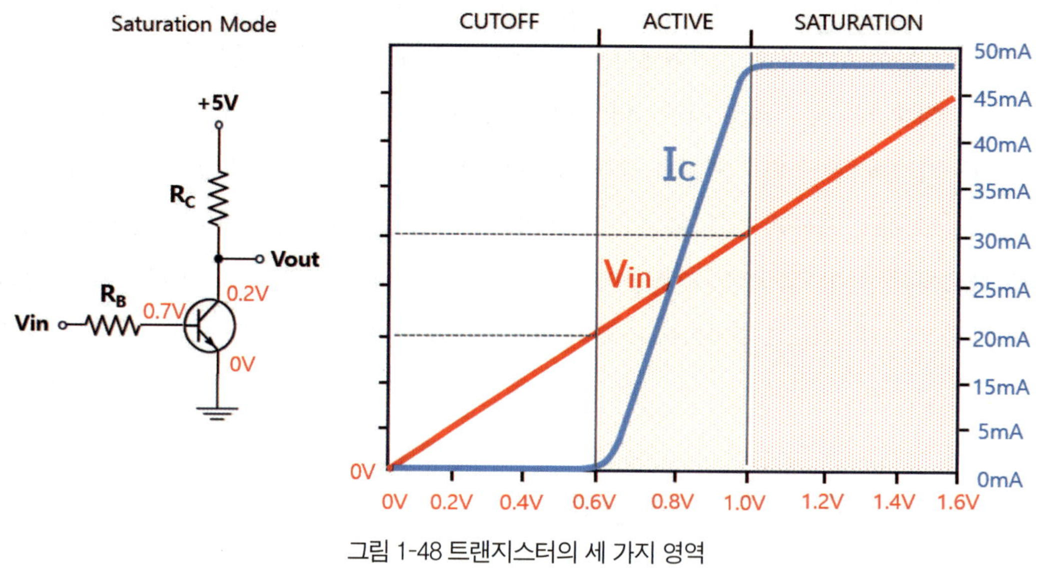

그림 1-48 트랜지스터의 세 가지 영역

트랜지스터는 두 가지 용도로 사용하는데 증폭용과 스위치 용도이다. 방금 설명한 트랜지스터의 세 가지 영역 중 어떤 것을 사용하는가에 따라 용도가 달라진다.

먼저 증폭용으로 트랜지스터를 사용할 때는 활성 영역에서만 동작하게 회로를 설계한다. 차단이나 포화 영역에서는 입력 신호에 따라 전류가 선형적으로 반응하지 않기 때문이다. 활성 영역에서는 입력 전류가 일정 비율로 증폭되어 출력 전류로 이어지기 때문에, 입력 신호가 그대로 크기만 커진 형태로 출력에 나타난다.

두번째 용도인 스위칭 회로에서는 트랜지스터를 완전히 끄거나(차단), 완전히 켜는(포화) 두 상태만 사용하여, 전자 스위치처럼 동작하도록 만든다. 이 방식은 기계식 스위치와 달리 접점이 없어 마모나 잡음이 없고, 훨씬 빠르게 동작할 수 있다. 무엇보다도 트랜지스터는 매우 작은 전류만으로도 더 큰 전류의 흐름을 제어할 수 있어, 마이크로 컨트롤러나 센서처럼 출력 전류가 약한 장치로도 고전력 회로를 손쉽게 제어할 수 있다는 큰 장점이 있다.

증폭용으로 트랜지스터를 사용할 때는 입력 신호에 따라 컬렉터 전류가 부드럽게 변화해야 한다. 이를 위해 바이어스를 통해 입력 신호가 차단 영역이나 포화 영역을 넘지 않도록 동작점을 활성 영역 중앙쯤에 위치시키는 것이 일반적이다. 여기서 '바이어스'란, 트랜지스터가 아무런 입력 신호가 없을 때에도 일정한 전류가 흐르도록 미리 설정해 두는 전압이나 전류를 의미한다. 예를 들어 베이스에 연결된 저항과 전원 등을 통해 베이스-이미터 전압을 약 0.6 ~ 0.7V 이상이 되도록 설정해 두면, 입력이 작아도 트랜지스터가 차단되지 않고 활성 영역에 머물게 된다. 반대로 포화 영역으로 넘어가지 않게 하려면, 베이스 전류가 너무 커지지 않도록 입력 범위와 저항 값을 적절히 조절해야 한다. 즉, 회로 설계 시 트랜지스터의 베이스와 연결된 저항이나 전원 등을 조합해, 입력 신호가 작을 때에도 전류가 아예 끊기지 않고, 클 때에도 과도하게 증가하지 않도록 미리 균형을 맞춰 놓는 작업이 바이어스이며, 이를 통해 트랜지스터는 항상 증폭 가능한 선형 영역에서만 동작하게 된다.

4) 바이어스 설정

트랜지스터를 증폭기로 사용할 때는 입력 신호가 작더라도 베이스-이미터 사이에 일정한 전압이 걸려야 동작을 시작한다. 이때 사용하는 것이 '바이어스'이다. 바이어스란, 입력 신호가 없어도 트랜지스터가 작동할 수 있도록 미리 걸어 주는 전압 또는 전류를 말한다. 이 바이어스를 통해 트랜지스터가 너무 꺼지지도(차단) 않고, 너무 과도하게 켜지지도(포화) 않도록 해 줘야 한다.

전공자라면 바이어스를 주기 위한 계산 과정이 있겠지만 여기서는 개괄적인 개념만 알아

보고 가도록 하자. 먼저 공통 이미터라고 불리는 대표적인 증폭회로의 예로 바이어스를 어떻게 설정하는지 개념만 알아보도록 하자.

그림 1-49는 공통 이미터 증폭기의 예이다. 이 회로에는 베이스 쪽에 R1과 R2라는 두 개의 저항이 전원과 그라운드 사이에 연결되어 있다. 이 저항들은 베이스 쪽으로 일정한 전압을 나누어 공급하는 역할을 하는 전압분배 장치이다. 마치 수도꼭지를 약간 틀어 물이 흘러나오게 하듯이, R1과 R2는 트랜지스터가 반응할 수 있을 만큼의 전압을 미리 걸어 주는 역할을 한다. 이것이 바로 베이스 바이어스를 설정하는 장치이다.

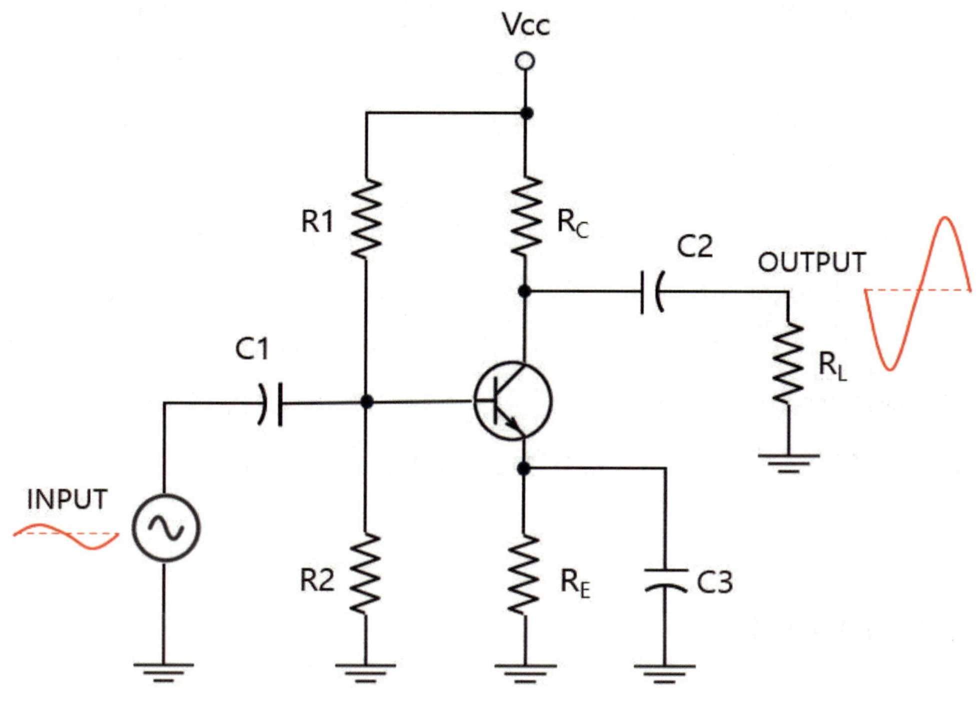

그림 1-49 공통 이미터 전압 증폭 회로

또한 컬렉터 쪽에는 R_C, 이미터 쪽에는 R_E라는 저항이 각각 들어간다. R_C는 트랜지스터가 증폭한 전류에 따라 전압 강하가 생기도록 해서 출력 신호가 형성되도록 돕고, R_E는 트랜지스터 동작을 더 안정되게 만들어 준다. 특히 R_E는 베이스에 가해지는 바이어스 전압이 외부 환경이나 소자 특성에 따라 달라져도 트랜지스터가 안정적으로 작동할 수 있도록 도와준다.

     내 손으로 고치는 빈티지 오디오

즉, 신호가 너무 커져도 포화 영역으로 들어가지 않도록 일종의 완충 장치처럼 작용한다.

이렇게 회로 안에 있는 저항들이 적절한 전압과 전류를 조정해 줌으로써, 트랜지스터가 항상 증폭 가능한 활성 영역 안에서만 동작하도록 유도하는 것이다. 이런 설정 덕분에 입력 신호가 크든 작든, 트랜지스터는 활성영역 안에서 왜곡 없이 신호를 부드럽게 증폭해 낼 수 있다.

5) 스위칭 트랜지스터

그림 1-50은 트랜지스터의 스위칭 기능을 활용한 간단한 LED 점등 회로이다. 회로는 9V 직류 전원을 기반으로 하며, NPN 트랜지스터의 컬렉터에 LED와 680Ω 저항이 직렬로 연결되어 있다. 베이스에는 4.7kΩ 저항과 물리 스위치가 직렬로 연결되어 있으며, 이 스위치가 눌려질 경우 베이스 전류가 흐르게 된다.

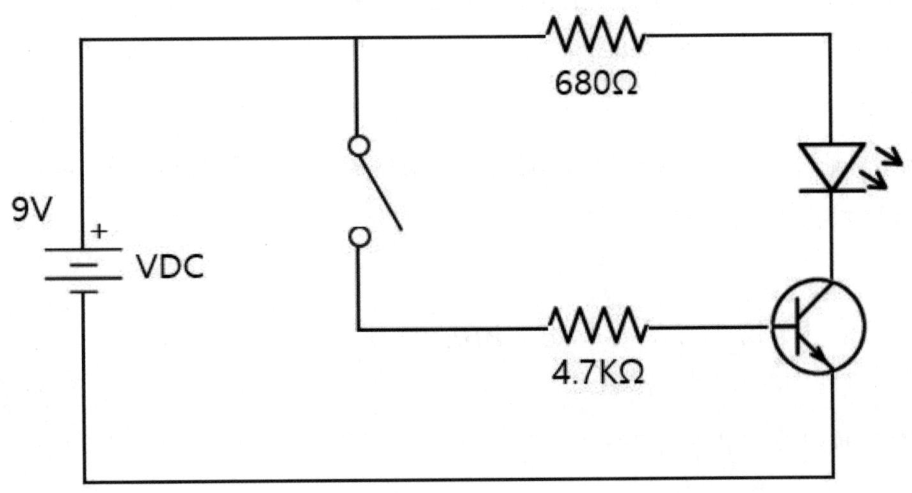

그림 1-50 스위칭 작용을 하는 트랜지스터 회로

스위치가 닫히면 베이스 전류가 공급되며, 트랜지스터가 온(ON) 상태로 전도된다. 이때

LED가 점등하며 회로가 동작한다. 각 지점의 전압과 전류를 구체적으로 계산해 보자. 이 계산 과정을 완전히 이해할 필요까지는 없다. 트랜지스터가 포화되는 과정을 그냥 숫자로 확인해 두는 정도로만 하자.

LED의 순방향 전압 강하(VF)는 약 2.0V이며, 트랜지스터가 완전히 포화 상태에 들어간다고 가정하면 컬렉터-이미터 전압(VCE)은 약 0.2V이다. 공급 전압이 9V일 때, LED와 680Ω 저항이 걸쳐지는 전압은 다음과 같이 계산된다.

$$V(R680) = Vcc - VF - VCE = 9V - 2.0V - 0.2V = 6.8V$$

따라서 680Ω 저항을 흐르는 전류 I_c는

$$Ic = \frac{V(R680)}{R} = \frac{6.8}{680\ \Omega} = 10mA$$

10mA의 전류는 LED를 점등하기에 충분한 전류이다. 트랜지스터가 포화 상태에서 안정적으로 동작하기 위해서는 베이스 전류(IB)가 일정 비율 이상 공급되어야 한다. 일반적으로 포화 상태에서는 컬렉터 전류의 약 1/10 수준의 베이스 전류가 필요하다. 따라서 목표 IB는 1mA 정도로 설정한다.

베이스 회로의 전압 강하는 베이스-이미터 전압(VBE, 약 0.7V)으로 인해, 베이스 저항 4.7kΩ에는 다음과 같은 전압이 걸린다.

$$V(R4.7K) = Vcc - VBE = 9V - 0.7V = 8.3V$$

그러므로 베이스 저항을 흐르는 전류 I_B는

$$I_B = \frac{V(R4.7K)}{R} = \frac{8.3V}{4.7\ \Omega} = 1.77mA$$

이 값은 충분히 큰 베이스 전류이며, 트랜지스터가 포화 상태로 동작하는 데 문제가 없다.

실제로 이 정도 베이스 전류를 입력하면 약 10mA의 컬렉터 전류는 충분히 흘릴 수 있다. 이로 인해 LED는 밝게 점등된다.

6) 두 개 이상 결합된 트랜지스터 회로

트랜지스터는 두 개 또는 그 이상이 결합되어 더 복잡한 구동을 할 수 있는 특징이 있다. 트랜지스터를 결합하여 구성하면 어떤 효과를 볼 수 있는지 몇 가지 범용적인 회로를 알아 보자. 조금 복잡하고 어려워질 수 있지만 어떠한 방식으로 결합하여 사용되는지 패턴 정도 를 익혀 두면 회로도를 해석하는 데 큰 도움이 된다.

■ 트랜지스터 래치 회로

그림 1-51은 두 개의 트랜지스터와 두 개의 LED로 구성된 간단한 래치(Latch) 회로이다. 여기서는 복잡한 계산 없이 회로의 동작 개념만 간단히 살펴보자.

우선, 스위치(S/W)가 열려 있을 때를 보자. Q1의 베이스에는 전류가 공급되지 않으므로 Q1은 꺼진 상태(off)가 된다. 이때 Q1의 컬렉터는 약 9V 정도로 높아지고, 이 전압은 R1과 RB2를 통해 Q2의 베이스에 전달된다. 베이스에 전류가 공급되면 Q2는 켜지고, 이로 인해 LED2가 점등하게 된다.

이번에는 스위치를 눌러 연결된 상태로 만들어 보자. 이제 Q1의 베이스에 전류가 흐르게 되고, Q1은 켜진다. Q1이 켜지면 LED1 쪽으로 전류가 흘러 LED1이 점등한다. 동시에 Q1의 컬렉터 전압은 약 0.2V 수준으로 떨어지게 된다. 이로 인해 Q2의 베이스 전압도 함께 낮아 지고, 결국 Q2는 꺼져 LED2는 소등된다.

이와 같이 Q1과 Q2는 서로의 상태에 영향을 주며, 한 쪽이 켜지면 다른 한 쪽은 꺼지게 된 다. 즉, 이 회로는 외부 입력(버튼)에 따라 두 개의 상태 중 하나를 기억하는 간단한 래치 회 로로 동작한다.

S/W	Q1	LED1	Q2	LED2
OFF	OFF	OFF	ON	ON
ON	ON	ON	OFF	OFF

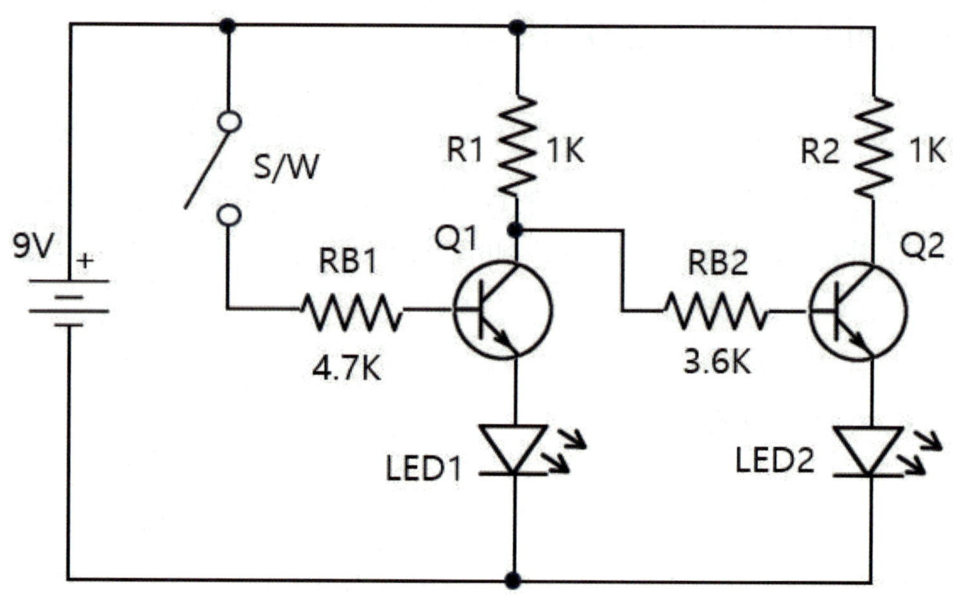

그림 1-51 트랜지스터 래치 회로

■ 달링턴 결합

트랜지스터 두 개를 연결하여 하나처럼 사용하는 결합 방식 중 대표적인 것이 달링턴 결합(Darlington pair)이다. 그림 1-52처럼 하나의 트랜지스터의 이미터가 다른 트랜지스터의 베이스로 직접 연결되고, 전체는 마치 하나의 고이득(high gain) 트랜지스터처럼 작동한다. 입력은 첫 번째 트랜지스터의 베이스(B)에 주어지고, 출력은 두 번째 트랜지스터의 컬렉터(C)와 이미터(E) 사이에서 얻는다.

내 손으로 고치는 빈티지 오디오

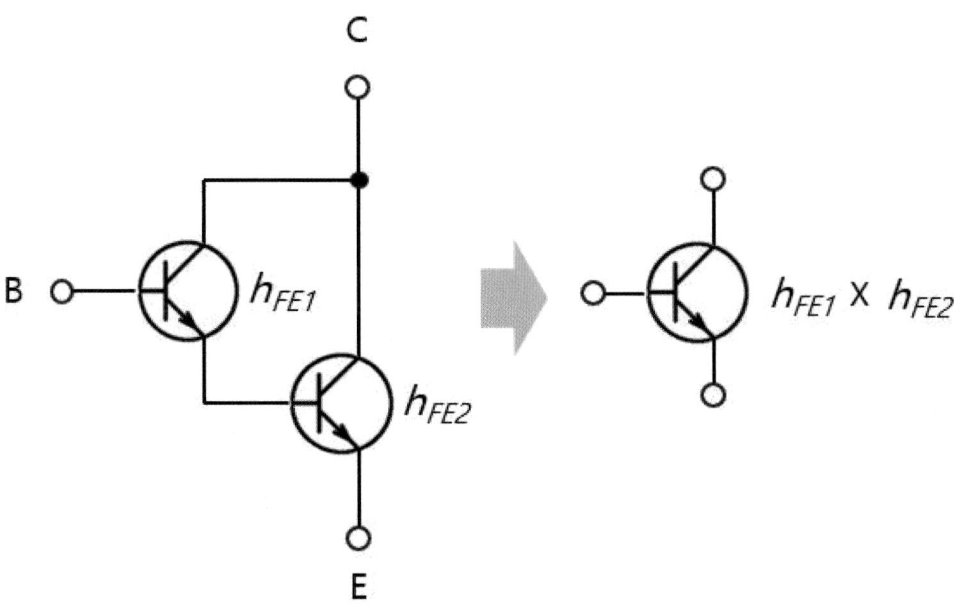

그림 1-52 달링턴 결합 트랜지스터

달링턴 결합의 가장 큰 특징은 전류 이득(증폭도)이 매우 크다는 점이다. 각각의 트랜지스터가 가지고 있는 전류 이득을 곱한 값만큼 전체 이득이 결정되므로, 예를 들어 h_{FE1}이 100이고 h_{FE2}가 100이라면 전체 이득은 무려 10,000에 달한다. 이러한 고이득 특성 덕분에 매우 작은 전류로도 큰 전류를 제어할 수 있게 되어, 파워 앰프의 출력단 같은 곳에서 자주 사용된다.

달링턴 결합은 그림 1-53처럼 PNP형으로도 구성이 가능하다. PNP 달링턴 역시 NPN 달링턴과 같은 방식으로 동작하지만 전원 극성과 바이어스 방식이 반대라는 차이가 있을 뿐, 기본 원리는 동일하다.

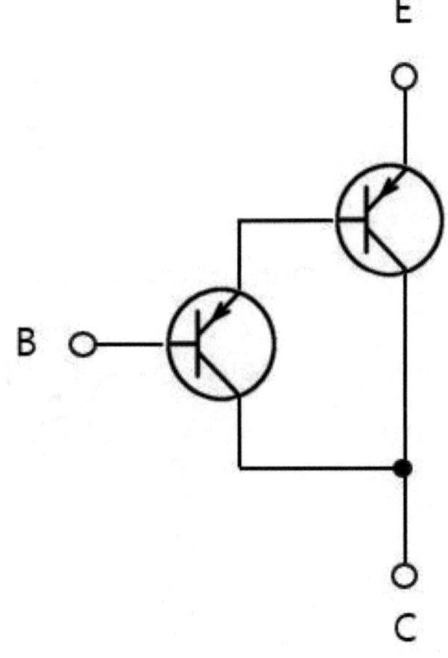

그림 1-53 PNP의 달링턴 결합

단, 달링턴 결합은 트랜지스터 두 개의 베이스-이미터 전압이 직렬로 걸리므로 전도되기 위한 기준 전압이 약 1.2V ~ 1.4V로 높아지는 점은 유의해야 한다. 이로 인해 저전압 회로나 빠른 스위칭이 필요한 곳에서는 다른 방식이 더 유리할 수 있다.

■ 차동증폭회로

트랜지스터 앰프 회로에서 거의 빠지지 않고 등장하는 구성 중 하나가 바로 차동증폭기이다. 그림처럼 두 개의 트랜지스터가 나란히 배치되어 있고, 이미터가 하나로 묶여 있다면, 이 구조는 차동증폭기다. 복잡한 회로처럼 보여도 이 형태를 기억해 두는 것으로 충분하다.
차동증폭기의 핵심 개념은 두 입력 신호(Input1, Input2)의 차이만 증폭하고, 두 신호에 공통으로 포함된 노이즈나 DC 성분은 제거한다는 데 있다. 그림 1-54의 차동증폭회로를 보자.

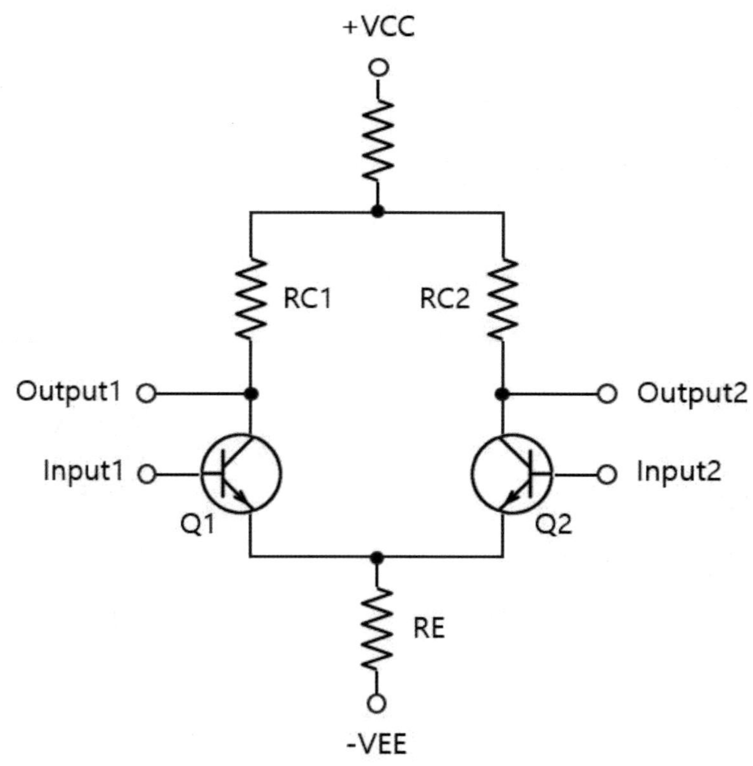

그림 1-54 차동증폭회로

 내 손으로 고치는 빈티지 오디오

이는 두 트랜지스터 Q1과 Q2의 공통 이미터 연결 구조 덕분이다. 두 트랜지스터는 이미터가 하나로 연결되어 있기 때문에, 전체 전류를 서로 나누어 쓰게 된다. 마치 천칭 저울의 양쪽 접시에 입력 전압이 올라가는 것처럼, 어느 한쪽의 베이스 전압이 조금이라도 높아지면 그쪽의 트랜지스터(Q1 또는 Q2)가 더 많이 도통되고, 반대편은 그만큼 덜 도통된다. 결과적으로 두 입력 간에 아주 작은 전압 차이가 있더라도, 출력에서는 큰 차이로 증폭되어 나타난다.

반면, 두 입력에 동일한 신호나 노이즈가 들어오면 두 트랜지스터는 똑같이 도통하려 하며, 이 경우에는 균형이 맞아 양쪽 출력의 변화가 없어진다. 이렇게 공통된 부분은 상쇄되고, 차이만이 부각되어 증폭되는 것이 차동증폭기의 핵심이다. 특히 오디오 신호의 경우, 기준전압이 인가된 쪽에는 신호가 없고, 입력 신호가 있는 쪽에만 AC 신호가 포함되어 있다. 노이즈는 양쪽에 공통으로 섞여 들어오기 때문에 제거되고, 오직 차이를 만드는 순수한 오디오 신호만 증폭되게 되는 것이다.

이처럼 차동증폭기는 오디오 앰프 회로의 첫 증폭단에서 노이즈에 강한 특성을 가지며, 입력 신호의 기준점을 안정적으로 유지하는 역할도 한다. 공통 이미터 저항(RE)은 두 트랜지스터의 전류 균형을 잡아 주며 회로를 안정시키는 데 기여한다.

■ 전류미러회로

오디오 앰프에서 트랜지스터로 신호를 증폭하기 위해서는 전류가 안정적으로 공급되어야 한다. 그런데 입력되는 신호는 계속해서 위아래로 흔들리는 AC 파형이기 때문에, 그 흐름을 증폭하는 트랜지스터에도 순간순간 다른 양의 전류가 요구된다. 이때 전류가 너무 부족하거나 넘치게 되면 증폭 특성이 왜곡될 수 있다. 따라서 앰프 회로에서는 어느 정도 일정하고 예측 가능한 전류를 안정적으로 공급해 줄 수 있는 장치가 필요한데, 그것이 바로 이 전류미러(current mirror) 회로이다.

전류 미러는 보통 차동증폭 회로 다음에 연결되는 블록이다. 입력 신호에서 공통된 노이즈를 제거하고 순수한 신호 성분만 증폭한 후, 그 증폭 신호가 흐를 수 있도록 전류 경로를 만들어 주는 역할을 한다. 이때 단순히 저항으로 전류를 공급하면 전압의 변화에 따라 전류도 쉽게 흔들리기 때문에, 변하지 않는 기준 전류를 그대로 복사하여 공급해 주는 회로가 효과적이다. 이름 그대로, 전류를 '복사'해 주는 것이다.

그림 1-55는 전형적인 전류 미러 회로이다. 작동 원리를 간단히 살펴보자. 그림의 왼쪽 트랜지스터 Q1은 기준 전류 Iref를 흐르게 만들어 주는 트랜지스터이다. 이때 Q1의 베이스-이미터 전압(Vbe) 값은 그 전류에 맞게 자동으로 설정된다. 이제 오른쪽의 Q2는 Q1과 베이스가 서로 연결되어 있고, 이미터도 함께 접지되어 있기 때문에 Q1과 완전히 같은 조건으로 동작하게 된다. 즉, Q2에도 Q1과 거의 동일한 컬렉터 전류(Imirror)가 흐르게 된다. 이렇게 Q1이 기준 전류를 '세팅'해 주면, Q2가 그 전류를 그대로 '미러링'하여 다른 회로에 공급하는 것이다.

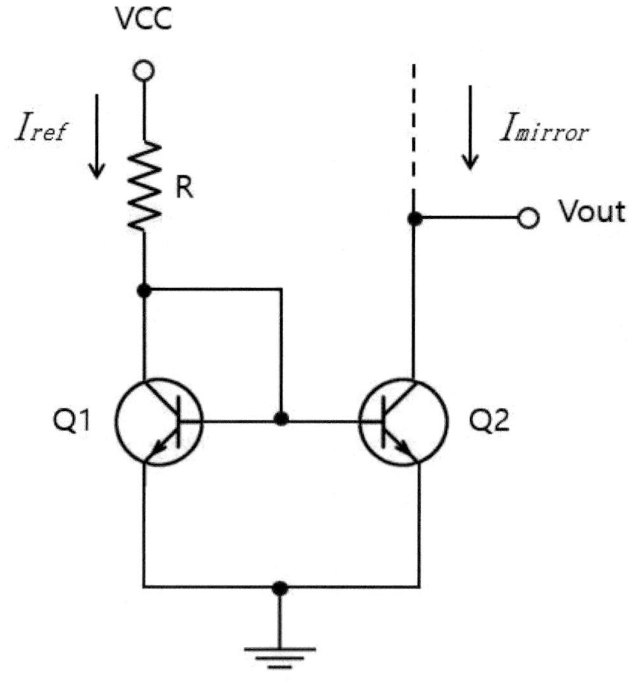

그림 1-55 전류 미러 회로

이 구조는 단순하면서도 매우 강력하다. 회로의 조건이 바뀌거나, 온도나 부하가 달라져도 일정한 전류를 유지할 수 있기 때문에 앰프의 신호 증폭이 항상 선형성을 유지하고 왜곡이 줄어든다. 고급 오디오 앰프 회로에서는 거의 예외 없이 이 전류 미러 회로가 사용된다.

■ 푸쉬 풀(Push-Pull) 구성

트랜지스터를 두 개 사용하는 대표적인 구성 중 하나가 바로 그림 1-56과 같은 "푸쉬 풀(Push-Pull)"이다. 이 회로는 입력 신호가 양의 영역과 음의 영역으로 나뉘어 있을 때, 각각을 따로 증폭한 후 합쳐서 출력하는 방식이다. 하나의 트랜지스터는 양(+)의 신호를 증폭하고, 다른 하나는 음(-)의 신호를 증폭하는 역할을 한다. 이로 인해 전체 신호를 고르게 증폭할 수 있고, 전력 효율도 높아지는 장점이 있다.

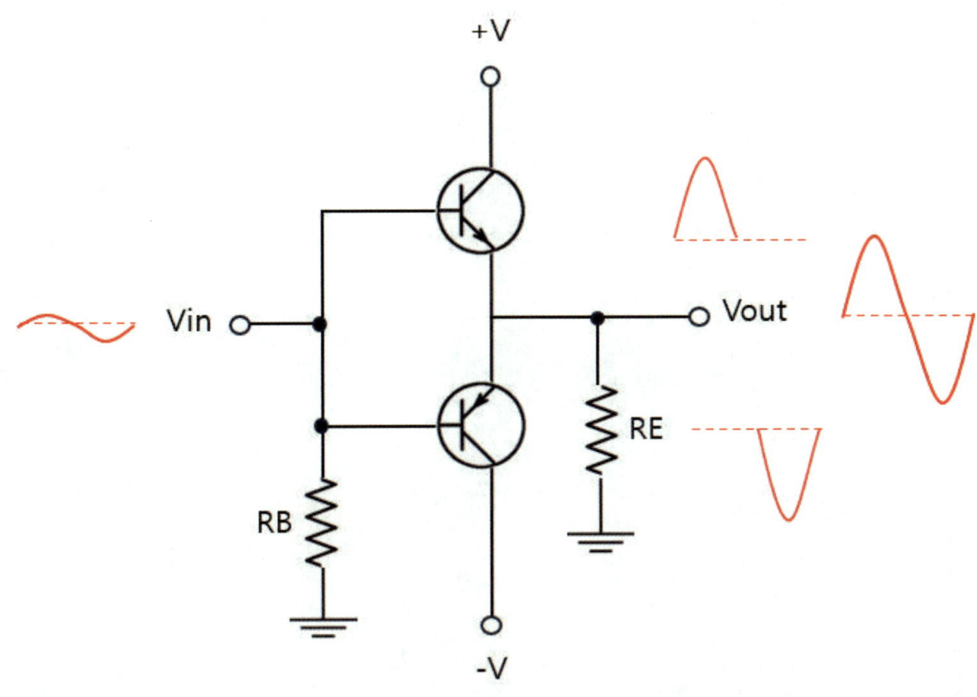

그림 1-56 NPN과 PNP로 결합된 푸쉬 풀 구조

푸쉬 풀 회로는 오디오 앰프에서 널리 사용된다. 음악 신호는 교류(AC) 형태이므로, +와 - 방향으로 진동하는 이 신호를 각각 대응할 수 있는 증폭 회로가 필요하다. 그림에서는 단일 NPN, PNP 트랜지스터로 구성된 단순한 푸쉬 풀 회로를 보여 주지만, 실제 앰프에서는 보다 높은 전류를 다루기 위해 각 트랜지스터를 달링턴 결합한 형태로 사용한다. 즉, 각각의 푸쉬, 풀 라인에 2개의 트랜지스터가 연결되어, 총 4개의 트랜지스터가 출력단에 사용되는 경우가 많다.

푸쉬 풀 회로에서는 두 트랜지스터가 교대로 신호의 양(+)·음(-) 구간을 증폭한다. 이때 각 트랜지스터가 완전히 꺼졌다가 켜질 때 순간적으로 신호가 이어지지 않는 구간이 생기는데, 이를 크로스오버 왜곡(crossover distortion)이라 한다. 이러한 왜곡을 줄이기 위해 트랜지스터가 완전히 꺼지지 않도록 약간의 바이어스 전압을 걸어 두는 경우가 있다. RE 저항은 이러한 바이어스 설정과 전류의 안정적인 흐름을 위한 공통 경로로 사용되며, 신호의 중심점 역할을 한다.

푸쉬 풀 회로는 전력 손실을 줄이면서도 전체 교류 신호를 충실하게 재생할 수 있다는 점에서, 클래스 AB 앰프의 출력단에 일반적으로 사용된다.

지금까지 살펴본 차동증폭기, 전류미러, 푸쉬 풀 구조까지가 일반적인 트랜지스터 앰프의 증폭단에 주요한 구성요소를 순서대로 살펴본 것이다. 증폭용 트랜지스터의 실제예를 잘 보여 주는 곳이므로 회로의 구성과 패턴을 익혀 두면 서비스 회로도를 보면서 점검을 하는 데 훨씬 수월해질 수 있다.

8　정전압 IC

　전자 회로에서 안정적인 전원을 공급하는 것은 매우 중요하다. 전원 전압이 불안정해지면 원치 않는 오작동이 발생할 수 있으며, 신호를 민감하게 처리하는 디지털 시스템에서는 특히 문제가 될 수 있다. 이러한 문제를 해결하기 위해 사용하는 대표적인 부품이 바로 정전압 레귤레이터(Voltage Regulator) IC이다. 이들은 외부 전원 전압이 일정 범위에서 변화하더라도, 내부 회로를 통해 일정한 출력 전압을 유지시켜 주는 기능을 한다.

　정전압 레귤레이터는 출력 전압이 고정된 고정식과 사용자가 원하는 전압으로 설정할 수 있는 가변식으로 나눌 수 있다.

1) 고정식 IC

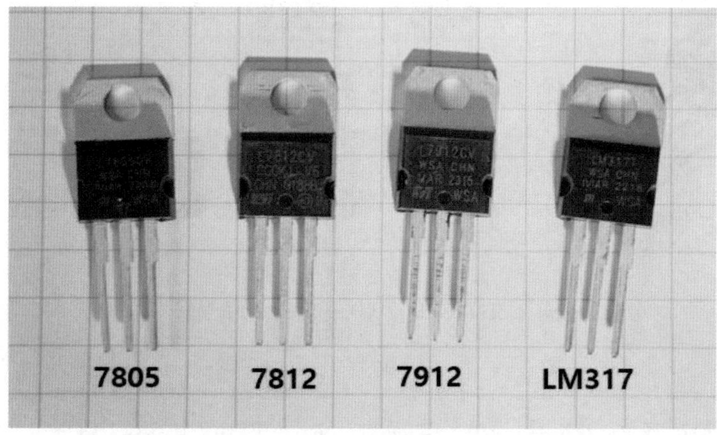

그림 1-57 정전압 IC

　가장 널리 사용되는 고정식 정전압 IC는 그림 1-57와 같은 78XX 시리즈와 79XX 시리즈이다. 여기서 'XX'는 출력 전압을 의미하며, 예를 들어 7805는 +5V, 7812는 +12V의 출력을 제공한다. 78XX 시리즈는 양전압용이며, 입력 전압보다 낮은 고정된 양전압을 출력으로 제공한다.

반면, 79XX 시리즈는 음전압용이다. -5V, -12V 같은 고정 음전압을 안정적으로 공급할 때 사용한다. 두 시리즈 모두 세 단자의 구조를 가지고 있다.

그림 1-58처럼, 안정적인 동작을 위해 입력 측에는 78XX는 0.22-0.33μF, 79XX는 2.2μF 정도의 커패시터를 병렬로 연결해 준다. 이 커패시터들은 전원 라인의 노이즈를 줄여 주고 레귤레이터의 응답 특성을 안정화시키는 역할을 한다.

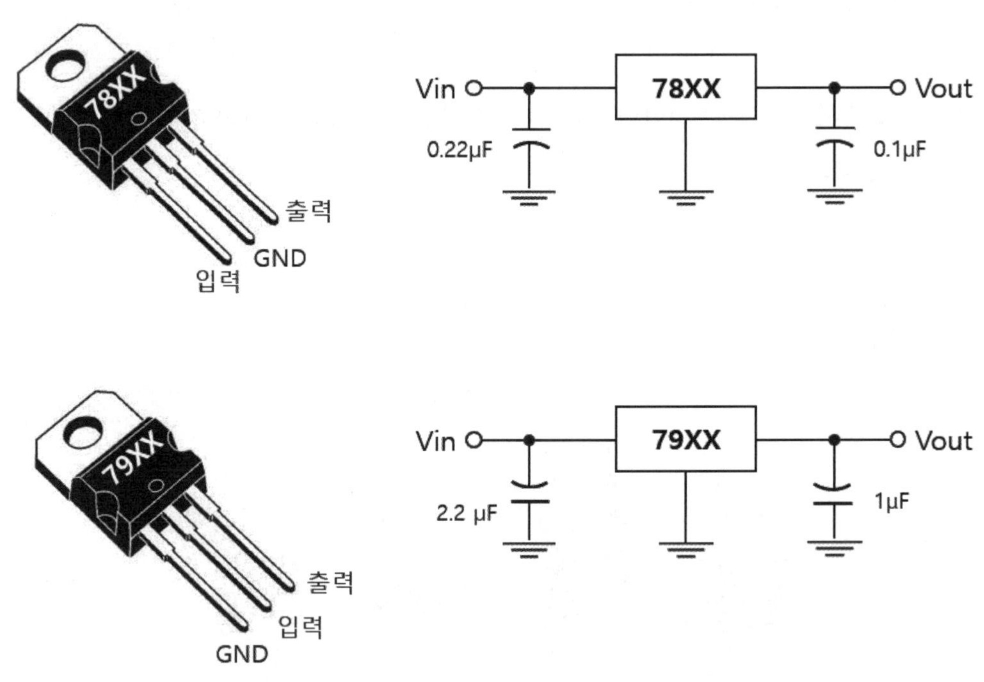

그림 1-58 78XX와 79XX 핀맵과 회로 적용 예

78XX/79XX 시리즈는 과전류 보호, 열 보호(thermal shutdown), 단락 보호(short circuit protection) 기능 등을 내장하고 있어, 간단하면서도 신뢰성 있는 전원 회로를 구현할 수 있다. 사용이 쉽고 다양한 출력 전압 모델이 있어, 많은 전자 회로에서 볼 수 있는 대표적인 정전 압용 부품이다.

내 손으로 고치는 빈티지 오디오

2) 가변식 IC

고정 전압을 제공하는 78XX 시리즈와 달리, 출력 전압을 자유롭게 조절할 수 있는 정전압 레귤레이터도 존재한다. 그 대표적인 예가 LM317 시리즈이다. LM317은 내부적으로 정밀한 기준 전압(1.25V)을 기준 삼아 외부 저항값에 따라 출력 전압이 결정되는 방식이다. 그림 1-59는 LM317의 기본 회로 구성과 핀 배열을 나타낸 것이다.

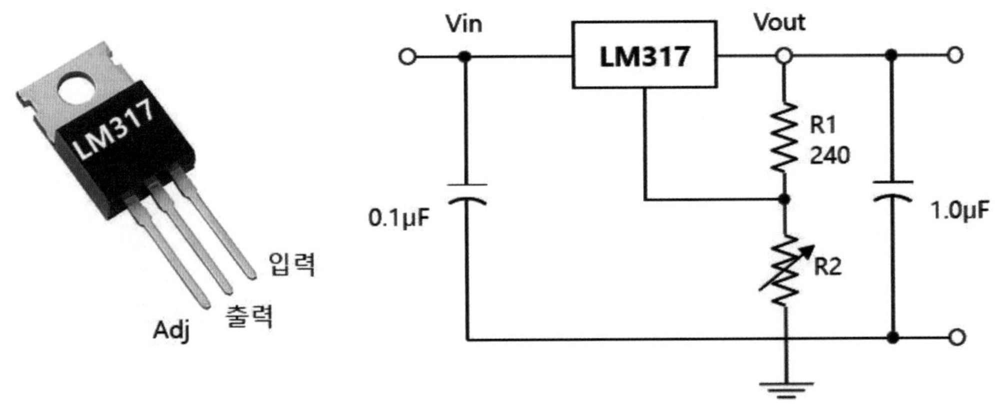

그림 1-59 LM317 핀맵과 회로 적용 예

이 레귤레이터는 세 개의 단자를 가지며, 핀 배열은 다음과 같다.

○ 입력(Vin): 공급 전압을 입력
○ 출력(Vout): 조정된 출력 전압을 제공
○ Adj(Adjust): 조절용 단자, 외부 저항과 연결되어 출력 전압을 설정

출력 전압은 다음 공식을 이용해 결정된다.

$$V_{out} = 1.25V \times \left(1 + \frac{R_2}{R_1} \right)$$

R1 = 240Ω, R2 = 가변저항으로 설정하면 출력 전압을 간단하게 조절할 수 있다. R1은 가능한 240Ω을 유지하는 게 좋다. R1을 표준설계보다 작게 하면 소비전류가 증가하고 크게 하면 전압 정확도가 떨어질 수 있다.

보통 출력 조절 범위는 약 1.25V ~ 37V까지 가능하며, 입력 전압은 최소한 출력보다 3V 이상 높아야 한다는 점에 유의해야 한다.

2장

계측기 및 도구

1 멀티미터

멀티미터는 전압, 전류, 저항 등의 기본 전기량을 측정할 수 있는 전자기기의 수리나 점검에서 반드시 필요한 필수 계측기이다. 흔히 '테스터기'라고도 부른다. 그림 2-1처럼 단순한 기능의 저가형 멀티미터는 하나쯤 가지고 있을 수 있다. 그러나 본격적인 수리와 정비를 취미로 삼고자 한다면, 그림 2-2와 같이 기능이 다양하고 정밀한 고급형 제품 사용을 권장한다.

그림 2-1 간이형 멀티미터　　　　그림 2-2 디지털 멀티미터 FLUKE 17B+(좌), UNI-T UT61B+(우)

저가형 멀티미터는 보통 직류 및 교류 전압, 저항 정도만 측정할 수 있지만, 수리에 필요한 기능까지 고려한다면 다음과 같은 항목이 반드시 포함되어야 한다.

○ 다이오드 측정(필수)

○ 도통시 비프음(필수)

○ mV 측정(필수)

○ 전류 측정(A, mA 선택)

○ 커패시터 용량 측정(필수)

추가적으로 이런 기능을 갖춘 제품을 선택해야 전자기기 수리와 회로 점검에 어려움이 없다. 멀티미터의 기본적인 사용법은 제품 설명서나 온라인에 자세히 나와 있으므로, 이 책에서는 실제 수리 과정에서 주의해야 할 실용적인 부분 위주로 다뤄 보겠다.

1) 전압의 측정

멀티미터의 전압 측정 기능은 직류(DC)와 교류(AC) 모드로 나뉘며, 각각의 쓰임새도 다르다. AC 전압 측정은 주로 가정용 220V 전원이 기기에 정상적으로 공급되는지 확인할 때 사용한다. 그리고 트랜스의 2차단에 감압된 AC의 전압을 측정할 때도 사용할 수 있겠다.

DC 전압 측정은 회로 점검에서 가장 많이 사용되는 기능이다. 전자기기의 대부분 부품은 직류 전압을 사용하며, 멀티미터를 통해 설계상의 전압이 실제 회로에 정확히 공급되고 있는지를 확인할 수 있다. 앞장에서 언급했듯이 전자기기 PCB 내의 그라운드와 섀시는 연결되어 있다. 따라서 멀티미터의 흑색봉을 그라운드인 섀시에 연결시키고, 적색봉을 회로의 각 측정 지점에 대고 전압을 측정하면 된다.

아래 그림 2-3은 대표적인 DC 전압 측정 예시이다. 정전압 IC인 7805의 출력핀(3번)에 적색봉을 대고, 흑색봉은 섀시에 연결해 기준 전압(0V)을 삼았다. 멀티미터는 DC 전압 측정 모드에 설정되어 있으며, 측정값은 5.07V로 정상 출력임을 보여 준다.

그림 2-3 정전압 IC 7805의 출력전압을 측정하고 있다.

2) 저항의 측정

저항 측정은 주로 PCB상의 저항 부품이 정상인지 판단할 때 사용한다. 이때 다음 사항에 유의해야 한다.

○ 전원이 인가된 상태에서는 저항을 측정하지 말 것. 멀티미터는 측정봉 사이에 소전압을 인가하고 흐르는 전류를 감지해 저항값을 계산한다. 따라서 전자기기에 전원이 들어와 있는 상태에서는 정확한 값을 얻을 수 없으며, 경우에 따라 멀티미터가 손상될 수도 있다.

○ 대부분의 단일 저항은 PCB에 실장된 상태로도 측정 가능하다. 기기에 전원이 꺼진 상태라면 저항을 회로에서 분리하지 않고도 실장된 그대로 측정할 수 있다.

내 손으로 고치는 빈티지 오디오

3) 전류의 측정

전류의 측정은 다음과 같이 진행한다.

o 적색봉의 단자를 멀티미터의 전류 측정 전용 단자로 옮겨서 꽂는다.
o 측정이 필요한 전류가 mA 수준인지 A 수준인지 예측하여, 알맞은 단자에 연결한다. 전류량을 가늠하기 어렵다면 먼저 A 단자에 연결한 뒤 조정한다.
o 전류 측정은 측정하려는 지점을 회로상에서 끊어 낸 후 전류가 멀티미터를 통해서 흐르도록 끊겨진 회로의 양쪽 지점에 측정봉을 연결해야 한다.

예를 들어, 저항을 흐르는 전류를 측정하려면 해당 저항의 한쪽 리드를 인두로 떼어 낸다. 그리고 떼어 낸 저항의 리드와 원래 연결되었던 PCB 패턴 사이에 멀티미터 측정봉을 연결하면 된다. 이때 전류 흐름 방향에 따라 적색봉은 인입 측, 흑색봉은 출구 측에 연결해야 한다. 방향이 반대라면 측정값이 음수로 표시된다.

주의할 점은, mA 단자에 연결한 상태로 A 단위의 큰 전류를 측정하면 멀티미터 내부 퓨즈가 끊어질 수 있다는 점이다. 만일 전류가 측정이 되지 않거나 무반응일 경우, 내부 퓨즈 손상을 의심해야 한다.

그림 2-4는 정전압 IC LM317의 출력단에 연결된 저항을 통해 흐르는 전류를 측정하는 모습이다. 저항의 한쪽 리드는 PCB에서 분리되어 있고, 이 리드와 패턴 사이에 클립을 이용해 멀티미터를 연결하였다. 측정 결과, 무부하 상태에서 약 1.4mA의 전류가 흐르고 있음이 확인된다.

이와 같이 전류의 측정은 반드시 회로를 임의로 끊어 내고 측정해야 하기 때문에 불편한 점이 있다. 일반적인 전자기기의 점검에서 전류를 직접 측정하는 일은 매우 드물다. 꼭 전류를 측정해야 하는 곳이라면 측정 부위에 정밀하고 낮은 값의 저항을 설치하고 저항의 양단의 전압을 측정해서 옴의 법칙으로 전류를 계산하는 방법을 사용한다. 이런 부분은 서비스 매뉴얼에 대부분 잘 표현되어 있다.

그림 2-4 저항의 한쪽 리드선을 끊고 저항을 통과하는 전류를 측정하고 있음

4) 다이오드 측정

다이오드 측정 모드에서는 다이오드의 순방향 전도 여부와 다이오드의 양부(정상 여부)를
판단할 수 있다. 이 모드에서 멀티미터는 측정봉 사이의 문턱전압(약 0.3-1.0V)을 측정하여
부품의 상태를 확인한다. 그림 2-5는 다이오드의 심볼과 극성 표시를 보여 준다. 다이오드의
양부를 판별할 때는 반드시 순방향과 역방향 모두 측정해 보아야 한다.

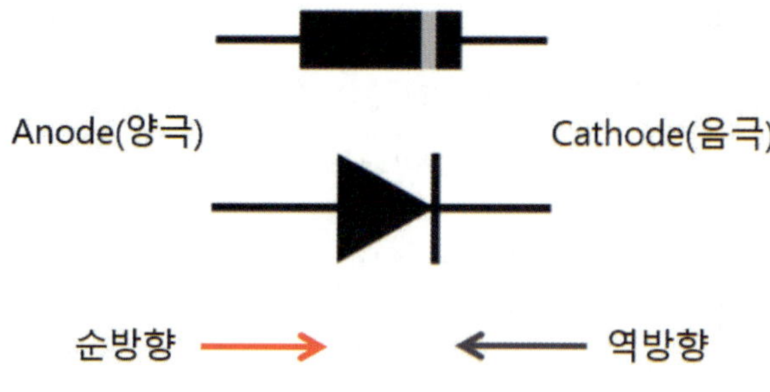

그림 2-5 다이오드의 극성과 심볼

그림 2-6과 같이, 애노드(양극)에 적색봉, 캐소드(음극)에 흑색봉을 연결하면 순방향 측정이 되며, 멀티미터 화면에 0.5 ~ 0.7V 정도의 전압이 표시된다. 측정봉을 반대로 연결하여 역방향 측정 시에는 전류가 흐르지 않기 때문에 멀티미터에는 OL(Over Limit 또는 Over Load)로 표시된다. 양방향의 측정값이 이렇게 나온다면 다이오드는 정상이다.

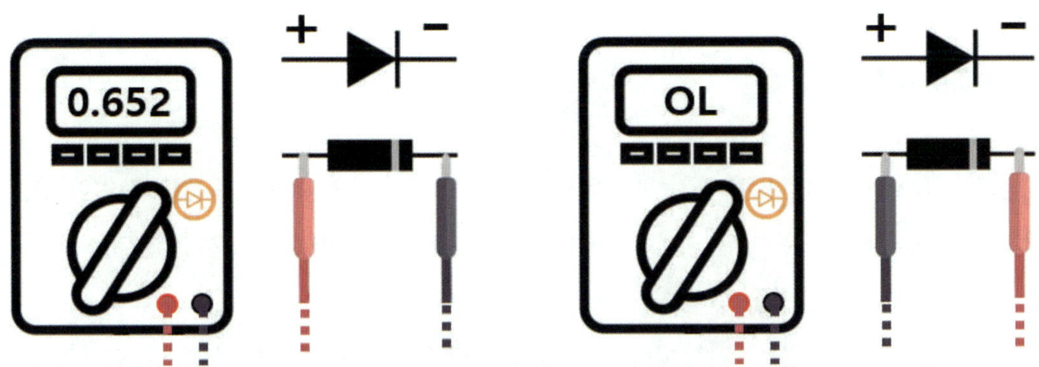

그림 2-6 정상적인 다이오드의 순방향과 역방향으로 측정

그림 2-7처럼, 다이오드가 개방(오픈)되었거나 단락(쇼트)된 경우에는 순방향에서 OL이 표시되거나 0V에 가까운 값이 나타난다. 이런 경우 다이오드는 손상된 상태이다.

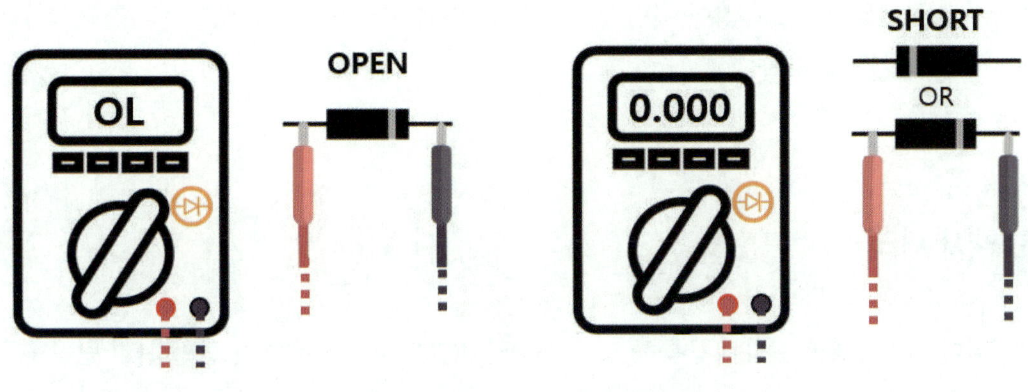

그림 2-7 파손된 다이오드를 측정했을 때

PCB상에 실장된 다이오드 측정 시 주의할 점은, 다이오드를 회로에서 분리한 상태에서 측

정해야 한다는 것이다. 다이오드가 PCB에 실장된 상태에서는 주변 회로에 병렬 연결된 다른 부품의 영향으로 역방향 측정에서도 문턱 전압에 비슷한 전압값이 나타날 수 있다. 이로 인해 멀쩡한 다이오드가 마치 불량처럼 보일 수 있으므로, 최소한 리드선 한 쪽은 분리한 상태에서 측정하여야 한다.

5) 커패시터 측정

멀티미터의 커패시터 용량 측정 모드에서는 커패시터의 정전 용량을 측정할 수 있다. PCB에 실장된 상태보다는 분리된 상태에서 측정하는 것이 바람직하며, 반드시 방전된 상태에서 측정해야 정확한 값을 얻을 수 있다.

커패시터의 용량 측정은 저항이나 전압처럼 즉시 측정값이 표시되지 않고, 내부적으로 충·방전 과정을 통해 용량을 계산하기 때문에 약간의 지연 시간이 발생한다.

멀티미터로 측정할 수 있는 커패시터의 용량 범위에는 한계가 있으므로, 사용 중인 모델이 지원하는 최대 측정 용량을 미리 확인하는 것이 좋다. 보급형 멀티미터는 보통 1,000μF까지, 고급형이라도 약 2,000μF까지의 용량만 측정할 수 있다. 파워 앰프와 같은 고출력 기기의 정류부에서 사용되는 평활 커패시터는 6,000 ~ 8,000μF에 이르기 때문에, 이런 고용량의 커패시터는 멀티미터로 측정이 어렵다. 고용량의 커패시터의 측정은 커패시터 전용 측정기를 사용하는 것이 바람직하다.

6) 액세서리

멀티미터의 측정봉은 팁이 뭉툭한 것보다는 날카로운 것이 사용하기 편리하다. 팁이 뭉툭한 것은 리드선 간격이 촘촘한 IC나 트랜지스터를 측정할 때 쇼트를 유발할 수 있다.

내 손으로 고치는 빈티지 오디오

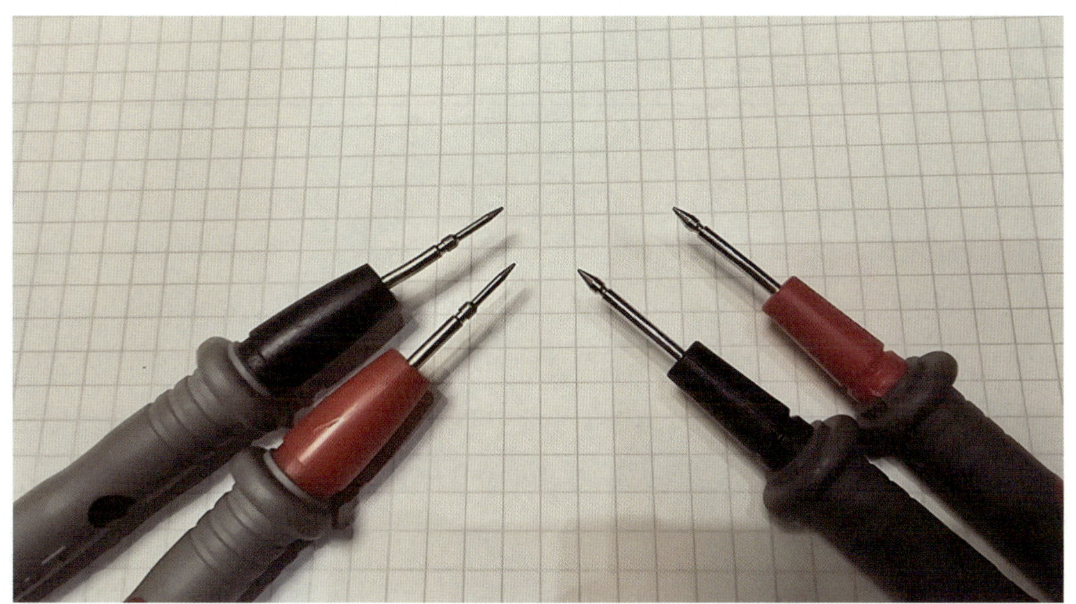

그림 2-8 멀티미터의 측정봉 좌측은 끝단이 날카롭고 우측은 뭉툭하다.

그림 2-9와 같이 측정봉에 연결용 클립을 사용하면 측정부에 집어 놓을 수 있어서 상당히 편리하다. 악어클립 형태도 있고 IC 후크와 같은 타입도 있으므로 모두 구비해 놓는 것이 좋다.

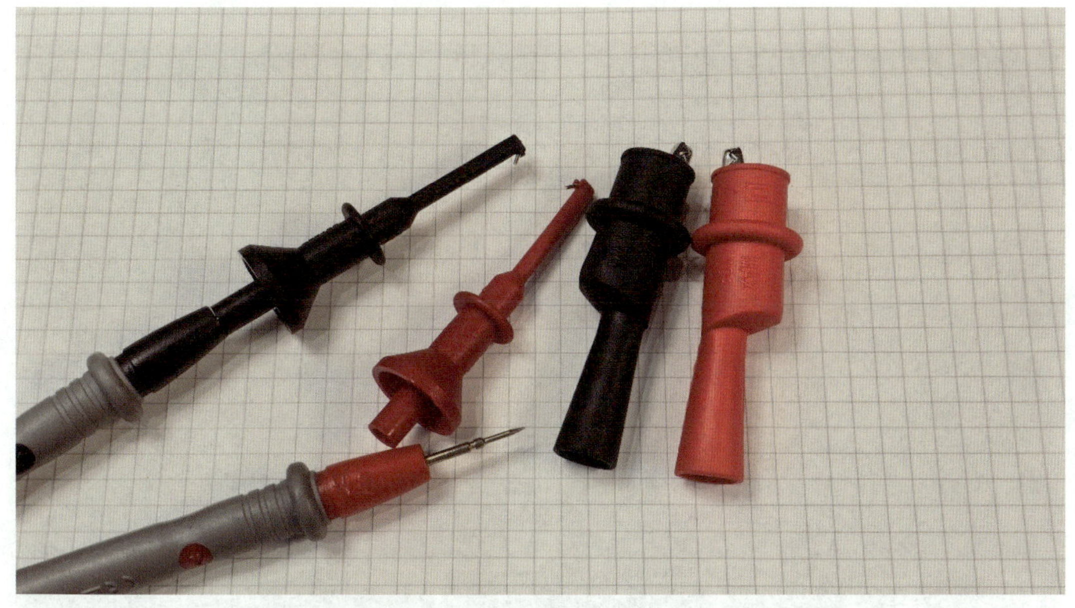

그림 2-9 멀티미터 측정봉에 연결할 수 있는 IC 후크와 악어집게

2 오실로스코프

오실로스코프는 전자분야 전공자나 실무자가 아니면 접할 기회가 드문 계측기이다. 과거에는 브라운관(CRT)을 사용하는 방식이어서 부피가 큰 고가의 계측기여서 취미 용도로는 갖추기는 어려운 장비였다. 그러나 최근에는 디지털 방식에 LCD 디스플레이를 사용하는 소형 모델이 보급되면서 가격과 부피 모두 부담이 줄어들었고, 취미 단계에서도 충분히 사용할 수 있는 계측기가 되었다.

오실로스코프의 사용법은 멀티미터보다 복잡하고 다루어야 할 내용이 많기 때문에, 이 책에서는 오실로스코프가 있으면 어떤 작업을 해 볼 수 있는지를 중심으로 설명하고, 보다 자세한 사용법은 인터넷이나 유튜브 등 외부 자료를 참조하기 바란다.

1) 전압의 측정

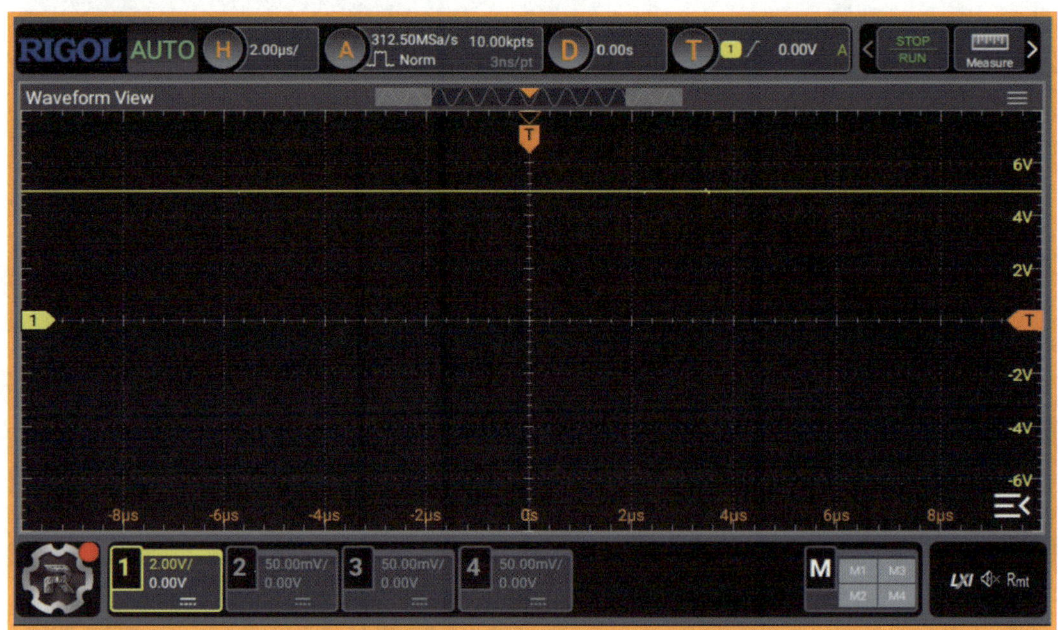

그림 2-10 오실로스코프로 DC 5V를 측정했을 때

내 손으로 고치는 빈티지 오디오

오실로스코프는 전압의 변화를 시각화하여 보여 주는 계측기다. 오실로스코프는 전압만을 측정하는 것이지 저항이나 전류는 측정하지 않는다는 점을 기억해 두자.

화면의 X축은 시간, Y축은 전압을 나타낸다. 시간에 따른 전압의 변화를 실시간으로 확인할 수 있다. 그림 2-10은 DC 5V를 측정하고 있다. 직류 전압은 시간이 지나도 값이 변하지 않기 때문에, X축에 평행하고 Y축의 5V를 지나는 직선으로 나타나고 있다.

2) 주파수의 측정

전압이 주기적으로 변할 경우, 1초 동안 몇 번 반복되는지를 측정하면 그것이 바로 주파수이다. 오디오 회로나 신호 계통을 점검할 때는 전압뿐만 아니라 주파수도 중요한 판단 기준이 된다. 오실로스코프를 통해 파형을 보면 진폭과 함께 주파수, 피크값 진폭, 평균값 등 다양한 전압 정보를 확인할 수 있다. 그림 2-11은 주파수 1kHz의 정현파(싸인파)를 측정하고 있는 화면으로, 진폭은 약 500mV로 표시되고 있다.

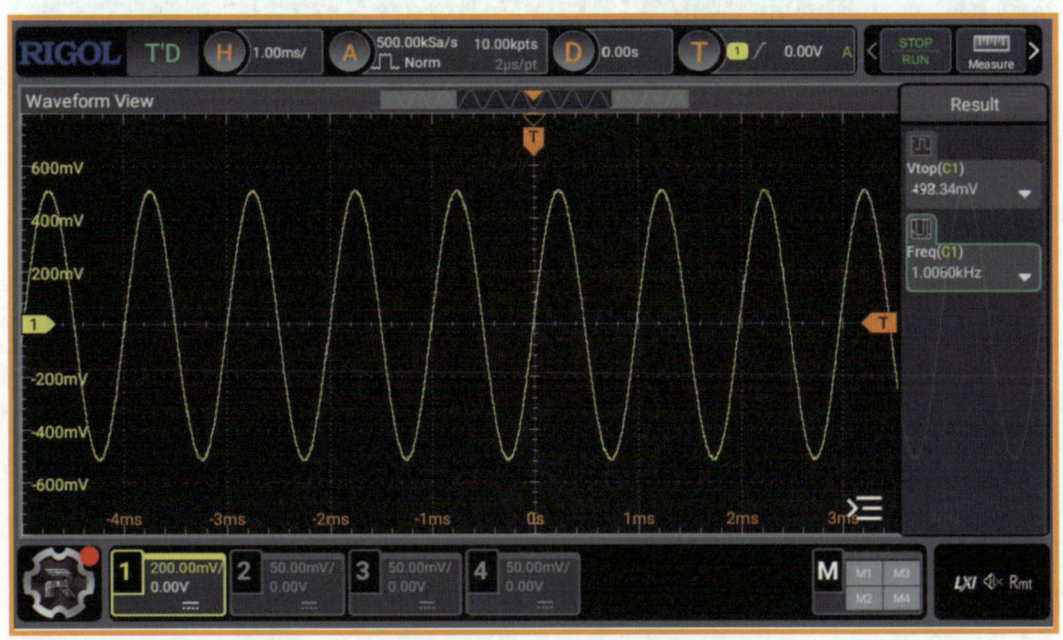

그림 2-11 1kHz의 싸인파 신호를 측정하고 있다.

3) 멀티채널

오실로스코프는 한 개의 측정봉으로만 측정하는 것이 아니라, 두 개 이상(보통 2채널 또는 4채널)의 측정 포인트를 동시에 비교할 수 있는 기능이 있다. 이 기능은 회로의 입력부, 처리부, 출력부 등 각 단계에서 전압 파형을 동시에 비교 분석할 때 매우 유용하다.

특히 오디오 기기의 경우 좌우(L/R) 채널 두개로 구성되어 있으므로, 두 채널의 파형을 동시에 비교하면 어느 쪽에 문제가 있는지를 쉽게 확인할 수 있다. 그림 2-12는 두 개의 서로 다른 측정 지점에서 1kHz 신호를 측정한 예시로, 주파수는 같지만 전압의 크기가 다른 것을 보여 주고 있다.

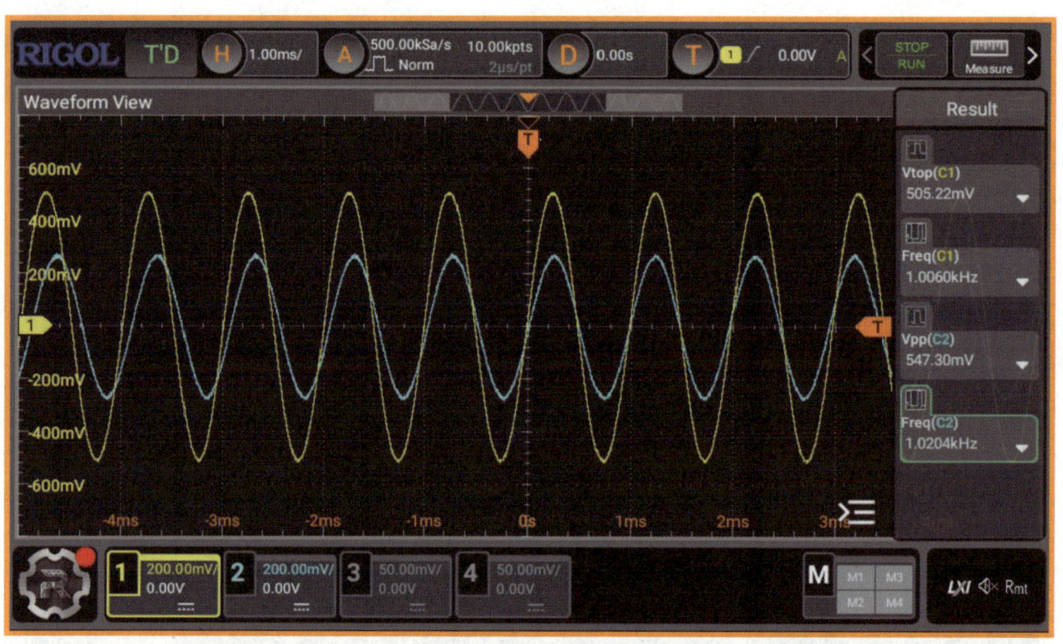

그림 2-12 1번과 2번채널로 각각 다른 신호를 측정하여 비교하고 있다.

오실로스코프는 일반적으로 최대 4채널까지 지원되며 오디오 장비의 점검처럼 L/R 채널을 동시에 측정하는 용도라면 2채널 정도면 충분하다.

4) 오실로스코프로 측정할 수 있는 것들

오디오 기기를 점검할 때 오실로스코프를 활용하여 수행할 수 있는 작업들을 살펴보자. 아래의 점검 항목들 중 상당수는 오실로스코프가 없으면 사실상 불가능하다. 따라서 오디오 수리나 점검을 본격적으로 하고자 한다면 오실로스코프를 준비하는 것이 좋겠다.

○ 전압(Peak to Peak) 값의 변화 추이 측정
○ 주파수의 변화 여부 측정
○ 파형의 왜곡 여부 확인

오실로스코프로 실제 음악 신호를 측정하면, 그림 2-13과 같이 복잡하고 알아보기 어려운 파형이 나타난다. 이처럼 실제 음악의 파형은 신호 분석에 적합하지 않기 때문에, 일반적으로는 1kHz나 400Hz 같은 단일 주파수의 싸인파를 오디오 기기에 입력한 뒤, 신호가 회로를 따라 어떻게 전달되고 증폭되는지를 추적한다.

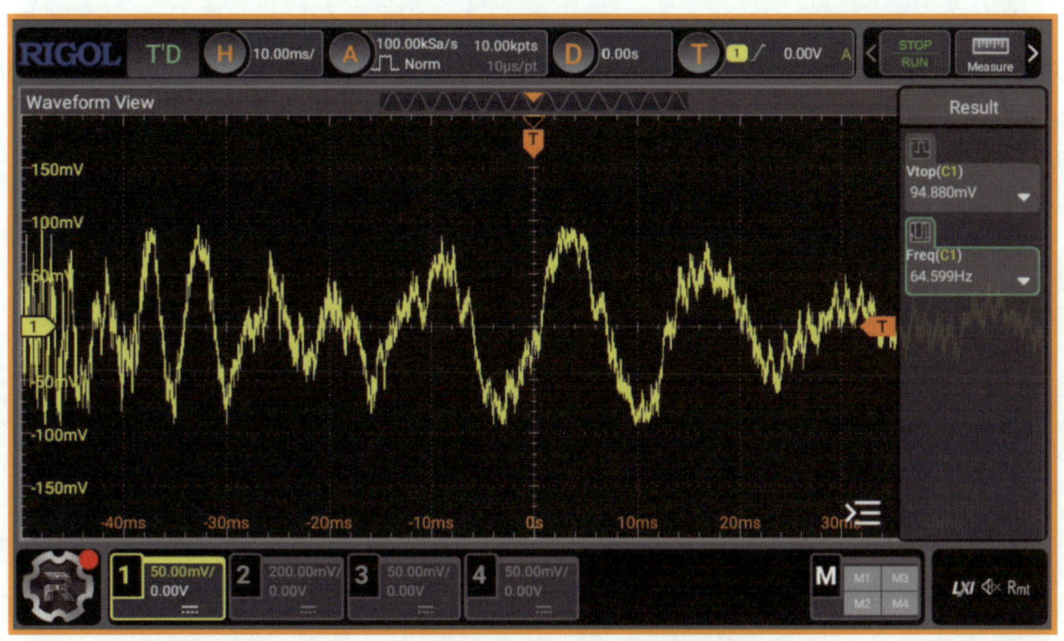

그림 2-13 오실로스코프로 음악 신호를 측정하는 중이다.

　예를 들어 앰프를 점검할 때는 셀렉터, 프리앰프, 파워앰프 등의 각 단계에서 입력된 파형이 손상 없이 다음 단계로 전달되고 증폭되는지를 확인할 수 있다. 만약 특정 단계 이후부터 파형이 왜곡되거나 소실된다면, 해당 회로에 문제가 발생한 것이다.

　이와 같이, 오실로스코프는 특정 주파수를 입력한 뒤, 회로의 각 지점에서 측정되는 파형이 예상한 형태로 유지되는지를 점검하는 데 활용된다. 다음은 오실로스코프를 사용하여 오디오 기기에서 수행할 수 있는 주요 점검 항목이다.

ㅇ 볼륨(메인볼륨, 밸런스)의 불량 확인
ㅇ 입력 셀렉터의 불량 확인
ㅇ 프리 앰프의 증폭단의 불량 확인
ㅇ 파워 앰프 출력부의 불량 확인
ㅇ 튜너의 스테레오 분리도 점검
ㅇ 튜너의 검파 및 수신증폭도 점검
ㅇ 카세트 테이프의 주행속도 조정
ㅇ 카세트 테이프의 헤드방위각 조정

3 전자부품 테스터

전자부품 테스터는 '트랜지스터 테스터' 또는 '다기능 테스터' 등으로 불리며, 전통적인 계측기라기보다는 비교적 최근에 등장한 다용도 부품 테스트용 장비이다. 장비 모델명에 따라 TC 시리즈라고도 한다. 가격도 저렴한 편이며, 트랜지스터나 FET 같은 반도체 소자를 쉽고 빠르게 테스트할 수 있고, 대용량 커패시터의 용량도 비교적 정확하게 측정할 수 있어 유용하다.

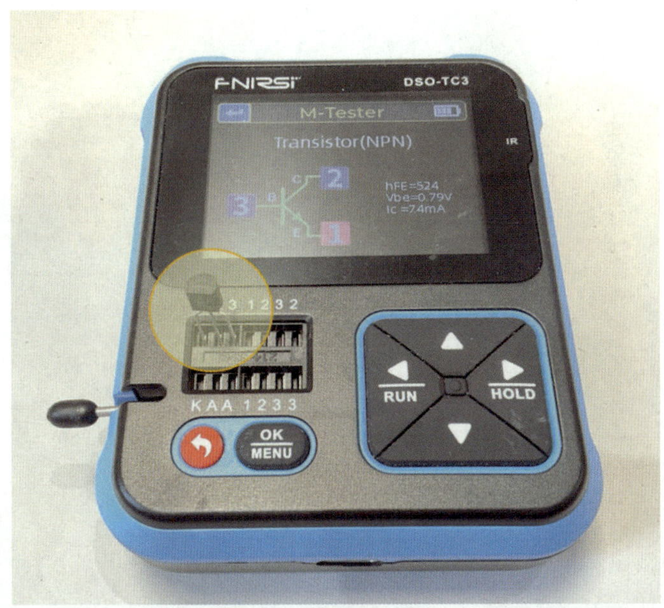

그림 2-14 전자부품 테스터로 트랜지스터를 측정하는 중

1) 트랜지스터, FET의 측정

트랜지스터나 FET 계열 소자를 테스트하면, NPN 또는 PNP 여부, 핀 배열, 증폭률(h_{FE}) 등

을 한눈에 알 수 있도록 그래픽으로 표시된다. 그림 2-14는 NPN 트랜지스터를 측정한 화면이다. 일일이 데이터시트를 검색하지 않아도 핀 배열과 동작 상태를 즉시 확인할 수 있다는 점에서 매우 편리하다.

트랜지스터가 파손된 경우에는 트랜지스터 대신 다이오드로 표시되거나, 소자가 감지되지 않는 식으로 표시되어 고장 여부를 쉽게 판단할 수 있다.

2) 커패시터의 측정

일반 멀티미터는 최대 1,000 ~ 2,000μF 정도까지만 측정할 수 있고, 측정 시간도 길다. 반면 이 테스터는 10,000μF 이상의 고용량 커패시터도 빠르게 측정할 수 있어 효율적이다. 커패시터의 용량을 자주 측정한다면 이 테스터가 훨씬 실용적이다.

4 오디오 신호발생기 또는 함수발생기

오디오 신호발생기(Audio Generator)는 가청 영역 주파수의 싸인파 신호를 주파수와 출력 전압을 변화하면서 발생시킬 수 있는 장치이다.

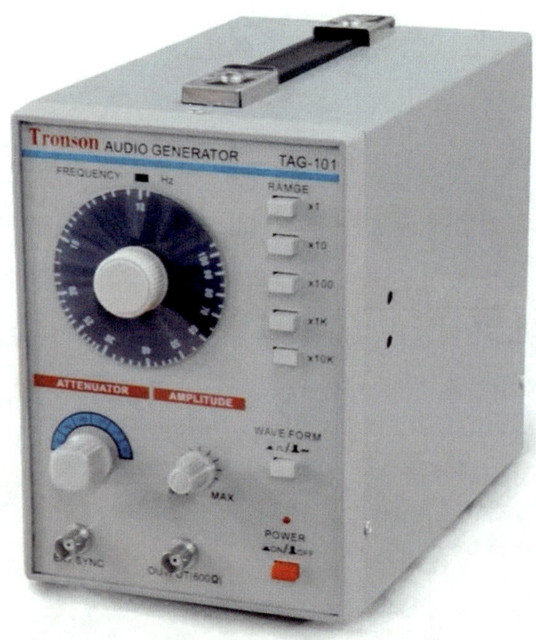

그림 2-15 오디오 신호 발생기

함수발생기(Function Generator)는 주파수와 출력전압 신호에 변화를 주면서 싸인파, 사각파, 삼각파 등 더 다양한 형태의 파형을 출력할 수 있고, 출력 주파수도 MHz 수준의 고주파까지도 가능하다. 오디오 신호발생기와 유사하지만 출력 주파수 범위와 파형의 종류가 다양하고 주파수의 스위핑(sweeping), DC Offset 등 추가적인 기능도 있어서 다양한 활용성이 있다.

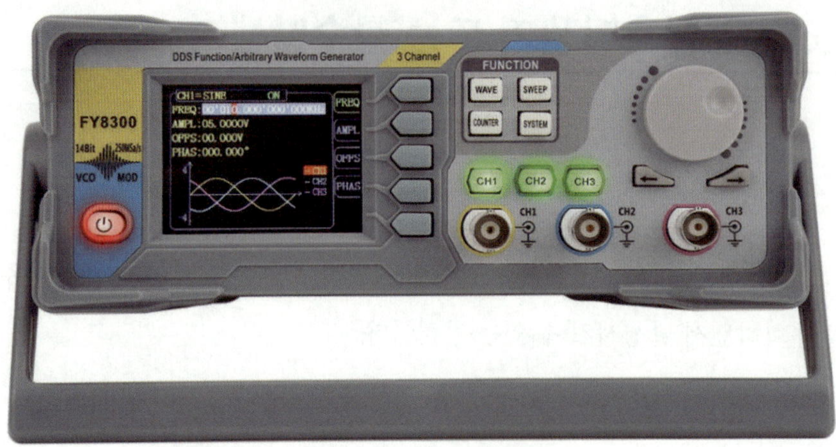

그림 2-16 함수 발생기

이 두 기기는 모두 오디오 기기의 점검 및 신호 입력용으로 사용할 수 있지만, 함수발생기는 보다 다양한 전자회로 실험에 활용할 수 있다는 점에서 장점이 있다. 반면 오디오 신호발생기는 출력 주파수 범위가 가청 영역에 한정되지만, 왜곡이 적고 순수한 싸인파를 출력하는 데 특화되어 있다. 용도와 예산을 고려하여 이 중 하나만 구비해도 충분하다.

간단한 점검이라면 위와 같은 전용 장비 대신 스마트폰에서 제공되는 함수발생기 앱을 사용하는 것도 가능하다.

내 손으로 고치는 빈티지 오디오

5 DC 전원 공급장치

　DC 전원 공급장치(Power Supply)는 DC 전압과 전류를 정밀하게 조절하여 공급할 수 있는 장비이다. 노이즈에 강한 리니어 방식의 전원은 출력 품질이 우수하지만, 부피가 크고 가격도 높은 편이다. 반면 그림 2-17과 같은 스위칭 방식의 DC 전원 장치는 소형이면서도 수리나 점검용으로 충분히 사용할 수 있다.

그림 2-17 DC 전원 공급 장치

　보통은 간단한 회로를 제작하여 테스트할 때 사용하며, 필요에 따라 수리 대상 기기의 특정 회로에 직접 전원을 인가하는 용도로도 활용할 수 있다. 저렴한 스위칭 방식의 DC 전원 공급장치로도 충분히 활용 가능하다.

6 FM 신호발생기

FM 신호발생기는 튜너의 조정 및 수리를 위해서만 필요한 기기이다. 오디오 신호발생기나 함수발생기는 앰프나 카세트 데크 등 직접 오디오 신호를 입력할 수 있는 기기에 신호를 입력하여 점검을 할 수 있다. 그러나 FM 튜너의 경우는 오디오 신호발생기나 함수발생기의 신호를 직접 튜너에 입력하는 것이 불가능하다.

그림 2-18 FM 스테레오 신호 발생기

FM 튜너는 안테나를 통해 전파를 수신하는 구조로 되어 있다. 이때 특정 주파수에서 수신되는 신호에는 '주파수 변조(FM, Frequency Modulation)' 방식으로 오디오 신호가 실려 있다. 수신된 전파는 튜너 내부에서 복조(Demodulation) 과정을 거쳐 오디오 신호로 다시 변환된다. 따라서 튜너를 조정하거나 수리할 때는, 오디오 신호가 변조된 RF 신호를 발생시키는 전용 FM 신호발생기를 사용해야 복조 과정이 정상적으로 동작하는지 확인할 수 있다.

내 손으로 고치는 빈티지 오디오

항목	내 용	비 고
베이스밴드 신호	실제 방송 신호	1kHz 신호, L/R 조정 가능
캐리어 주파수	전파로 송출을 위한 고주파	주파수 범위 100kHz ~ 150mHz, 강도 -20dBμ ~ 100dBμ

FM 신호발생기는 1kHz의 신호를 특정한 캐리어 주파수로 변조된 신호를 생성하고 L, R 스테레오 신호의 분리와 모노 신호, 신호의 세기 등을 조정하여 튜너의 안테나 단자로 입력한다.

이 장비는 FM 튜너의 조정이나 수리에 특화된 장비이고 특히 바리콘을 사용하는 아날로그 튜너의 조정에는 필수적인 기기이다.

7 기타 공구류

1) 인두기와 땜납

  인두기는 저가부터 고급형까지 다양한 브랜드와 가격대가 있다. 그림 2-19와 같은 온도 조절기능이 있는 막대형 인두기 사용을 추천한다. 요즘은 그림 2-20과 같은 DC 방식의 인두기가 짧은 가열시간과 효율로 인기가 있다. T12 인두기 시리즈도 좋은 선택이다. 땜납은 무연납과 유연납이 있는데 낮은 온도에서도 쉽게 납땜이 되는 장점이 있는 유연납으로 준비한다.

그림 2-19 막대형 인두기 HAKKO FX-600

그림 2-20 T12 DC 인두기

2) 납흡입기

납흡입기는 인두 작업 중 기존 납을 제거할 때 사용된다. 그림 2-21의 상단에 있는 소형 제품은 한 손으로도 사용이 가능하고, 흡입 팁이 실리콘 재질로 되어 있어 밀착력과 흡입력이 우수하다. 아래에 있는 전통적인 대형 제품보다 실용성이 높아 추천할 만하다.

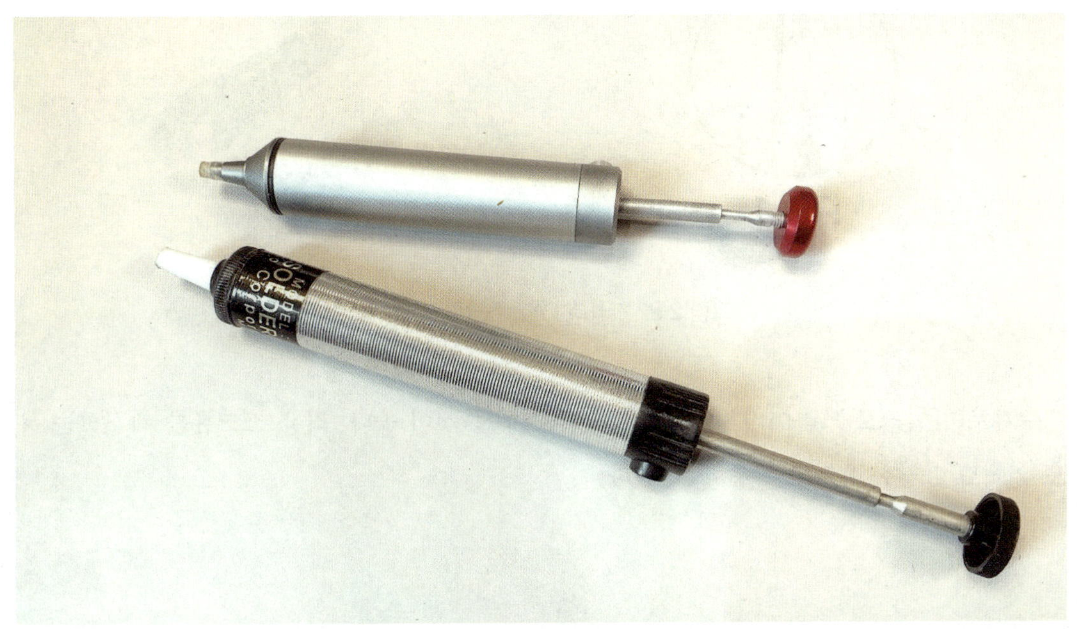

그림 2-21 납흡입기

3) 드라이버

드라이버는 나사의 머리 모양과 크기에 맞는 팁 규격을 갖춘 제품을 사용하는 것이 중요하다. 일반적으로 가장 널리 쓰이는 규격은 필립스 헤드(PH, Philips Head)이며, 주로 PH0, PH1, PH2, PH3로 나뉜다.

가정용은 PH2가 표준이지만, 오디오 기기에는 소형 PH1 규격의 나사가 자주 사용되므로 PH1 드라이버는 반드시 함께 준비하는 것이 좋다.

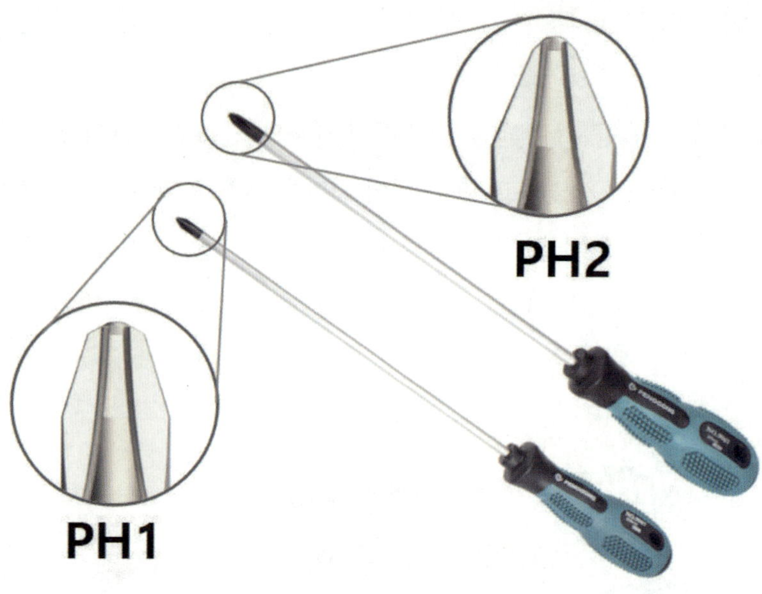

그림 2-22 PH1과 PH2 스크류 드라이버

추가로 마이크로 드라이버 한 세트도 준비해 두는 것이 좋다. 작은 스크류를 체결하는 용도 외에도 다양한 용도로 사용할 수 있다.

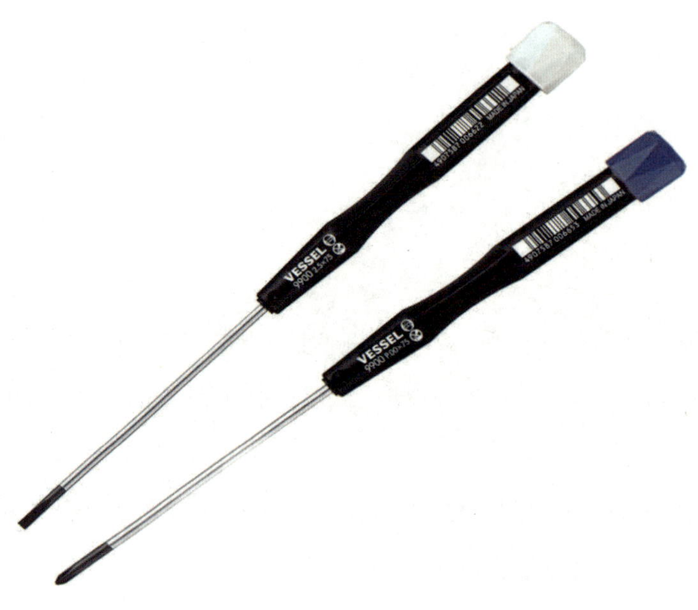

그림 2-23 마이크로 스크류 드라이버

내 손으로 고치는 빈티지 오디오

4) 코일용 조정기(튜너 정비용)

튜너를 정비할 때 검파코일의 코어를 드라이버로 조정하는데 이때 사용하는 드라이버는 금속성 팁을 사용해서는 안 된다. 코일의 조정작업은 전원을 넣은 상태에서 전파의 수신 상태를 조정하는 것인데 금속성 드라이버가 코일의 코어에 접촉이 되면 코일의 전자기장에 영향을 끼치게 되기 때문이다. 그리고 오래된 코일의 코어는 연약해진 상태일 수 있어서 강한 금속성 팁으로 조정을 하다가 코어가 부서지는 경우가 종종 있다. 이런 이유들로 코일의 코어 조정용 드라이버는 세라믹 또는 연질 플라스틱으로 된 팁을 가진 드라이버가 따로 있고 팁의 크기도 코어내의 홈에 맞는 사이즈로 규격화되어 있다.

튜너 조정용 드라이버는 팁 사이즈가 1.4mm인 일자형 조정 드라이버이다. 정식 명칭은 코어 조정봉이다. 일반적인 소형 일자 드라이버 팁과는 사이즈가 달라서 반드시 전용 조정 드라이버를 준비하는 것이 필요하다.

그림 2-24 세라믹 드라이버 1.4mm EXSO

3장

하이파이 오디오의 정비와 수리

이제부터는 오디오 기기를 중심으로 본격적인 점검, 조정, 그리고 고장 수리와 관련된 내용을 다루고자 한다. 이 책의 목적은 전자공학을 전공하지 않은 독자들이 취미 차원에서 회로의 기본 원리를 이해하고, 이를 바탕으로 간단한 전자기기의 동작을 파악하여 고장 수리나 조정에 직접 도전해 보는 데 있다.

전자회로를 직접 설계하여 프로젝트를 만들어 보는 것은 전공자에게도 쉬운 일이 아니다. 그러나 이미 완성된 회로를 해석하고, 고장을 진단해 불량 부품을 교체하거나, 간단한 개조나 업그레이드를 시도해 보는 정도는 비전공자도 충분히 해 볼 만한 영역이다. 마치 자동차의 설계와 정비가 다른 것처럼 전자회로의 수리는 비전공자도 반복적인 경험을 통해 얼마든지 습득할 수 있는 기술이다.

수리라는 관점에서 도전해 볼만한 전자기기의 영역은 상당히 광범위하다. 이 책에서는 표면실장형(SMD) 부품으로 구성된 스마트폰과 같은 디지털 기기나 컴퓨터류, 그리고 생활 가전기기는 다루지 않는다. 우리의 관심은 2000년대 이전에 제작된 가정용 하이파이 스테레오 기기들이다. 앰프, 튜너, CD 플레이어, 카세트데크와 같이 추억의 아날로그 감성을 가지고 있는 기기들이 관심 대상이다.

이 시기의 하이파이 오디오 기기들은 아직도 매니아층에서 인기를 끌고 있으며, 중고 시장에서 고가에 거래되는 경우가 많다. 하지만 이들 기기를 수리해 줄 전문업체는 점점 줄어들고, 수리 비용도 부담이 커지고 있다. 그래서 이제는 사용자가 간단한 점검과 수리를 할 수 있다면 빈티지 오디오를 즐길 수 있는 유리한 상황이 된다.

앰프나 튜너와 같은 오디오 기기의 구조를 이해하게 되면, 다른 전자기기들에 대한 응용과 확장도 어렵지 않다. 이 책을 통해 하이파이 오디오 기기의 점검과 수리에 대한 자신감을 얻게 된다면, 자연스럽게 다른 분야의 전자기기들도 도전해 볼 수 있을 것이다.

1   FM 튜너

1) 튜너의 종류

FM 튜너는 크게 두 가지 방식으로 나눌 수 있다. 하나는 그림 3-1처럼 다이얼을 돌려 주파수를 맞추는 아날로그 튜너이고, 다른 하나는 그림 3-3과 같이 디지털 방식으로 주파수를 조정하는 디지털 튜너이다.

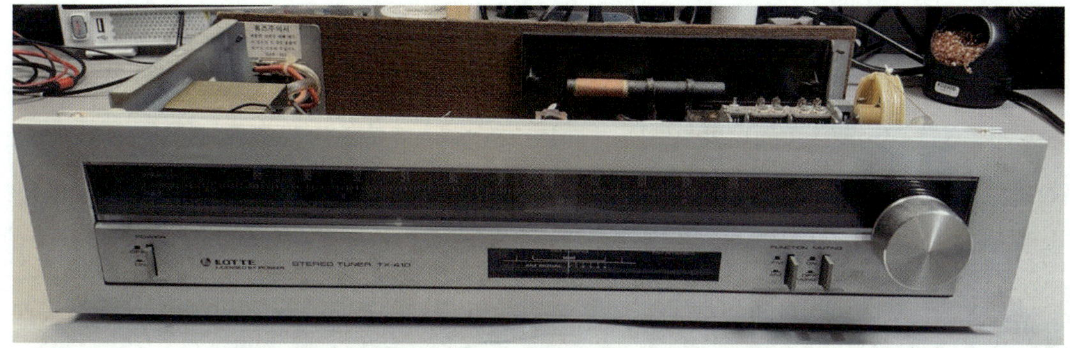

그림 3-1 다이얼을 돌려서 주파수를 선국하는 아날로그 튜너

아날로그 튜너는 주로 1960년대부터 1980년대 초반까지 생산되었으며, 사용자가 손으로 다이얼을 돌려 원하는 방송 주파수를 맞추는 방식이다. 이 다이얼은 그림 3-2와 같은 바리콘 (Variable Capacitor)이라 불리는 가변 커패시터를 조절하는 장치와 연결되어 있다. 바리콘의 정전용량이 바뀌면, 회로의 공진주파수(Resonant Frequency)가 달라지고, 이 주파수를 FM 방송의 캐리어 주파수에 맞춰 줌으로써 특정 방송을 선택해 수신할 수 있게 된다.

그림 3-2 아날로그 튜너는 다이얼로 프런트엔드의 바리콘을 조정하는 방식을 사용한다.

아날로그 튜너는 디지털 튜너에 비해 주파수를 정확하게 맞추기 어렵고, 채널 간 이동이 불편하다는 단점이 있고 정비와 점검도 난이도가 높다. 그럼에도 불구하고 최근 레트로 트렌드로 인해 디지털 튜너보다 더 높은 인기를 얻고 있으며, 일부 모델은 중고 시장에서 상당한 고가에 거래되기도 한다.

그림 3-3과 같은 디지털 튜너는 1980년대 중반부터 일반화되었으며, 주파수 조정이 정밀하고, 선국한 채널을 저장할 수 있는 기능이 추가되어 채널 수신이 한층 편리해진 장점이 있다.

그림 3-3 디지털 회로에 의해 주파수를 선국하는 디지털 튜너

내 손으로 고치는 빈티지 오디오

튜너에서 안테나로 수신한 고주파 신호를 선택하고 증폭하여 중간주파수(IF, Intermediate Frequency)라는 특정 주파수로 변환처리하는 초기 단계를 프런트엔드(Frontend)라고 부른다. 튜너를 정비하는 데 있어서 중요한 부분이기도 한데 그림 3-4와 같은 아날로그 튜너 시기의 프런트엔드는 특정 부품들의 노화로 인해 주파수가 틀어지거나 수신이 안되는 고장을 일으키기 쉽다.

그림 3-4 아날로그 튜너의 프런트엔드는 차폐를 위해 스틸 캔으로 분리되어 있다.

반면 디지털 튜너의 프런트엔드는 디지털 제어 회로를 통해 동작하며, 크기가 작아지고 안정성도 향상되었다. 90년대 중반 이후로는 그림 3-5처럼 프런트엔드가 모듈화되었을 뿐 아니라, 프런트엔드 자체의 고장은 드물게 되었다.

그림 3-5 디지털 튜너의 프런트엔드는 모듈화되고 비교적 안정적으로 작동을 한다.

프런트엔드의 안정성과는 별개로, 수신된 RF 신호에서 FM 신호를 추출하는 검파 단계에서는 여전히 문제가 발생할 수 있다. 디지털 튜너에서도 아날로그 방식의 검파코일이 사용되는데, 이 부품이 노후화되면 검파 성능이 저하되어 수신 불량이 생긴다. 오래된 튜너는 검파 회로의 조정이 필수이며, 경우에 따라 검파코일 자체를 교체해야만 하는 상황도 발생한다.

1990년대 후반부터는 DSP(Digital Signal Processor) 방식이 도입되면서 구조가 크게 달라졌다. DSP 방식은 디지털 방식으로 FM 신호를 검파하기 때문에 노이즈에 강하고 수신 안정성이 뛰어나며, 검파코일이 없으므로 코일의 노후 불량 문제에서도 자유롭다. 이후 미니 컴포넌트 형태의 소형 오디오 기기들이 유행하면서, 이들에 채택된 튜너 회로는 대부분 DSP 방식으로 구성되어 있어 수신 불량이 거의 발생하지 않는다.

따라서 이 책에서 조정과 수리의 대상으로 삼고 있는 FM 튜너는 1990년대 중반까지 생산된 아날로그 튜너와 초기 디지털 튜너를 주로 다룬다.

2) 디지털 튜너의 작동 원리

FM 튜너는 그림 3-6과 같이 수신 주파수를 중간주파수(IF, Intermediate Frequency)로 변환한 뒤 증폭하는 헤테로다인(Heterodyne) 방식의 수신 구조를 사용한다. 튜너의 조정과 수리를 위해서는 이 기본 개념을 이해하고 있어야 점검과 진단에서 응용력을 발휘할 수 있다.

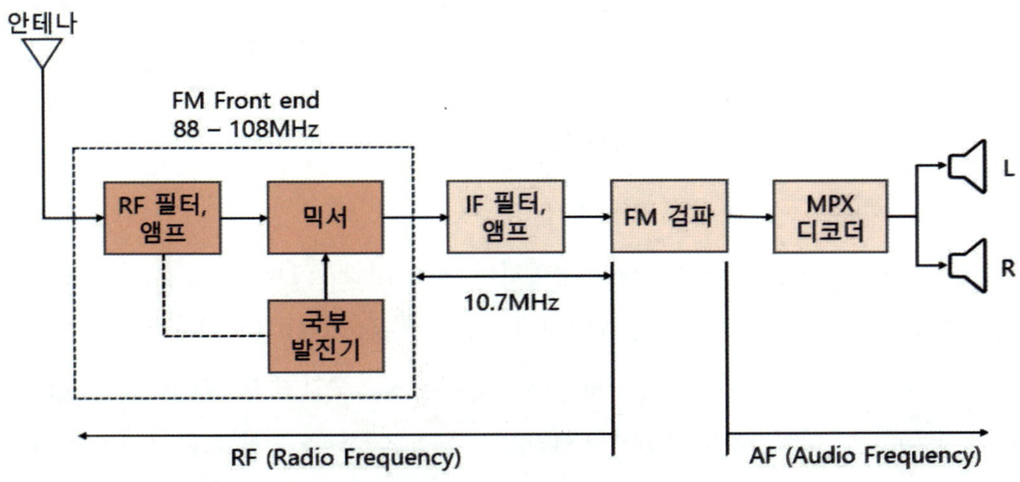

그림 3-6 FM 튜너의 블록 다이어그램

■ 프런트엔드

프런트엔드부는 안테나에서 수신되는 약한 강도의 전파들을 선택하고 증폭하고 변환하는 단계이다. 여기서 중요한 개념이 바로 중간 주파수(IF) 개념인데, 예를 들어 사용자가 튜너에 93.9MHz를 선택하면 국부 발진기(Local Oscillator)와 믹서(Mixer)를 사용하여 수신된 주파수가 중간주파수인 10.7MHz가 되도록 변환하는 것을 말한다. 즉 사용자가 89.1MHz를 선택하든 93.1MHz를 선택하든 프런트엔드에서는 선택한 주파수를 수신한 후 모두 중간주파수인 10.7MHz로 변환한다.

튜너에서 중간주파수를 사용하는 이유는 수십 MHz(88 - 108MHz)가 넘는 고주파를 처리하면서 증폭하는 것보다 그보다 낮은 10.7MHz인 특정한 주파수로 변환해서 증폭을 하는 것이 훨씬 효율이 좋기 때문이다. 이러한 방식을 헤테로다인 방식이라고 하고 FM 튜너뿐 아니라 대부분의 무선 수신기기가 사용하고 있는 수신 방식이다.

프런트엔드에서 문제가 발생하는 경우는 RF 앰프, 믹서, 국부발진기로 구성된 모듈 내의 코일과 트리머 커패시터의 불량이나 틀어짐으로 발생된다. 표시창의 주파수와 다른 위치에서 수신된다거나(주파수 밀림) 수신감도가 매우 떨어지거나 아예 수신이 잘 안 되는 상태가 발생할 수도 있다. 그림 3-5와 같은 모듈 형식에서는 일반적으로 큰 문제가 없지만 모듈화 이전의 기기의 그림 3-4와 같은 프런트엔드에서는 조정 작업이 필요할 수도 있다.

■ FM 검파

FM 검파 단계는 FM Detector(FM det.)라고 하며 Demodulator, Discriminator라고도 한다. 용어가 어렵지만 서비스 매뉴얼이나 데이터시트에 이런 용어들이 혼재되어 사용되고 있으므로 미리 알아 둘 필요가 있다. 프런트엔드에서 선국한 주파수가 중간주파수인 10.7MHz로 변환된 이후로 신호증폭과정(IF Amp)을 거친다. 이후 그림 3-7과 같이 검파 단계에서 FM으로 변조된 신호를 우리가 원하는 오디오 신호로 검파, 복조해 내는 단계를 거친다. 이 단계에서 노후화된 튜너들이 많은 문제점이 발생하여 정상적인 작동을 하지 못하게 되는데 아날로그 튜너와 DSP 방식 이전의 디지털 튜너가 모두 같은 문제점을 가지고 있다.

대부분의 튜너는 IF IC와 검파코일로 구성된 회로로 FM 검파작업을 하게 되는데 바로 이 검파코일에서 대부분의 문제가 발생하게 된다. 검파코일은 그림 3-8과 같이 코일과 하단부의 작은 커패시터가 결합된 형태인데 이 커패시터가 노후화되면 용량감소가 일어나고 검파를 하지 못하는 상태가 된다. 이때에는 코일의 코어를 돌려서 검파가 되도록 조정을 해야 하는데 조정으로 불가능하다면 이 검파코일을 신품으로 교체해야 한다. 디지털 튜너에서 수신이 안 되거나 수신이 되더라도 스테레오가 안 되는 상황의 대부분은 이 검파코일의 틀어짐과 불량으로 인해 발생된다.

그림 3-7 FM 튜너의 검파 단계에서 사용되는 IF IC(LA1266)와 검파코일

그림 3-8 FM 튜너의 검파코일

■ MPX 디코더

MPX(Multiplex) 디코더는 검파된 신호가 스테레오 신호인지 확인하고, 이를 좌우 채널로 분리하는 기능을 담당한다. FM 방송은 그림 3-9와 같이 L+R, L-R, 19kHz 파일럿 신호 등을 포함한 복합 신호를 전송한다.

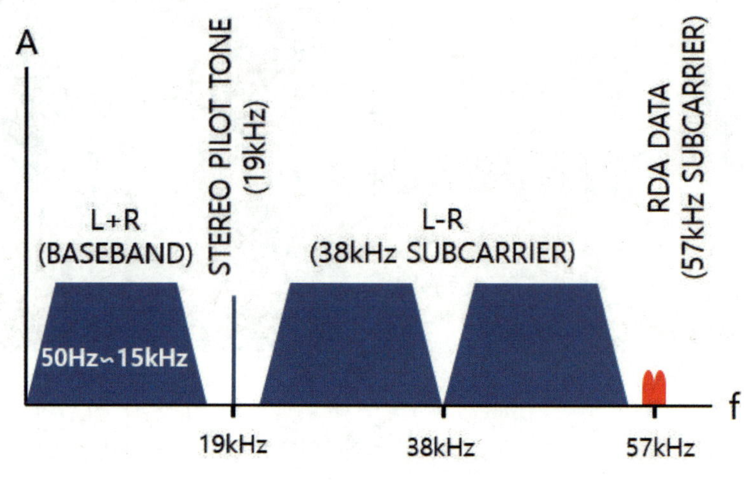

그림 3-9 FM 스테레오 신호의 구성

L과 R 신호로 분리된 스테레오 신호는 주파수 안에서는 L+R 신호와 L-R 신호를 사용하여 디코딩하는 단계를 거쳐 L, R 단독 신호를 만들어 낸다. 이때 수신된 신호가 스테레오 신호임을 알려 주는 것이 19kHz의 파일럿 신호의 존재 유무로 판단한다. MPX IC에서 파일럿 신호의 존재 유무를 확인하고 L-R 신호를 복조해 내기 위해서 회로 내에 자체적으로 38kHz의 신호를 만들어 내는 과정이 필요하다. 조금 복잡하지만 19kHz의 2배, 4배 값인 38kHz 또는 76kHz의 신호를 튜너가 만들어 내야 하는데 이 과정에서 일부 부품의 노화가 발생되면 정확한 주파수를 만들어 내지 못하고 스테레오 분리를 못 해내는 상황이 발생하기도 한다. 검파부분에서 문제가 없는데도 스테레오 신호가 안 잡힌다면 바로 이 MPX 부분에서 문제가 발생했을 확률이 높다.

MPX 단계를 정상적으로 거치게 되면 비로소 최종적인 스테레오 출력 신호를 얻게 된다.

        내 손으로 고치는 빈티지 오디오

3) FM 수신 조정 절차와 방법

■ 회로의 기본 구성

이 책에서는 이미 송출이 종료된 AM 방송 수신과 관련한 내용은 다루지 않는다. 대부분의 튜너는 FM 수신부와 AM 수신부가 별도로 구성되어 있다. 이 책에서는 FM 수신부만을 살펴보기로 한다.

튜너 회로를 조정하기 전, 가장 중요한 것은 '조정이 필요한 회로 부분'을 정확히 찾아낼 수 있는 능력이다. 조정 회로의 위치는 회로도나 서비스 매뉴얼에 표시된 경우도 있지만, 기판(PCB) 자체에 인쇄되어 있기도 하다. 제조사나 모델에 따라 다소 차이는 있지만, 전체적인 구성은 유사하므로 하나의 기기를 기준으로 구조를 익혀 두면 다른 기기에서도 응용이 가능하다.

그림 3-10은 실제 튜너의 PCB 구성을 보여 준다. 프런트엔드는 튜너의 안테나 단자 근처에 위치하며, 대부분의 디지털 튜너는 이 부분이 스틸캔으로 덮인 모듈 형태로 구성되어 있다. 프런트엔드를 통과한 수신 신호는 AM 및 FM 검파부로 전달되고, FM 검파부에는 IF IC와 검파코일 2개, 테스트 포인트 2개가 함께 구성된다. 오디오 출력 단자 쪽에는 스테레오 분리를 담당하는 MPX 회로가 위치한다.

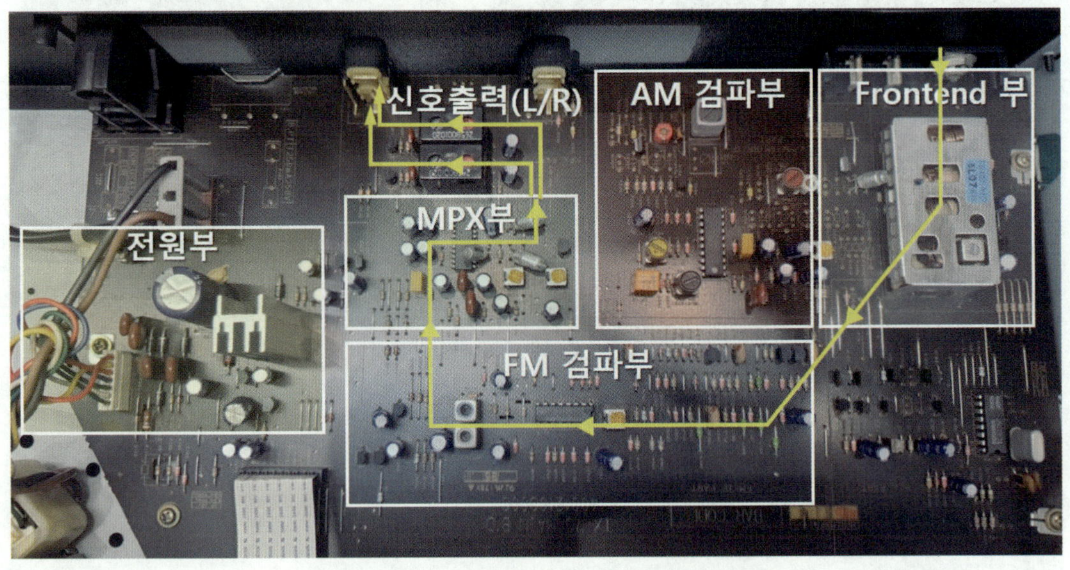

그림 3-10 FM 튜너 PCB상에서 신호의 흐름 개요

그 외에도 PCB의 왼쪽에는 트랜스와 정류 회로, 정전압 DC 전원을 생성하는 전원부가 있고, 리본 케이블을 통해 프런트 패널로 신호와 전원을 공급한다. 프런트 패널에는 디스플레이 장치와 마이크로프로세서, 각종 제어 스위치가 배치되어 있다.

■ IF IC와 검파코일 찾기

튜너의 전원을 켜고 안테나를 연결한 상태에서 원하는 주파수로 선국해도 수신이 되지 않는다면, 첫 번째로 확인해야 할 부품이 바로 검파코일이다. 이를 위해 PCB 상에서 FM 검파부, 즉 IF IC와 검파코일을 찾는 것이 중요하다.

그림 3-11과 3-12는 각각 다른 모델의 튜너에서 IF IC와 검파코일, 그리고 테스트 포인트(TP)의 위치를 보여 준다.

그림 3-11 인켈 TX858 튜너. IF IC는 LA1267

내 손으로 고치는 빈티지 오디오

그림 3-12 인켈 TX3010C 튜너. IF IC는 HA12412

FM 검파에 사용되는 IF IC는 주로 히다치(Hitachi)의 HA12412, HA11225 또는 산요(Sanyo)의 LA1260, LA1265, LA1266 등이 사용된다. 이들 IC 주변에는 두 개의 검파코일과 테스트 포인트가 배치되어 있는데, 핀 형태(TP)로 제공되거나, PCB에 구멍이 뚫려 부품의 리드선에서 측정이 가능하도록 되어 있는 경우도 있다. 대부분의 튜너에서 검파코일은 두 개가 나란히 배치되어 있다.

■ 검파코일의 조정

FM 신호를 올바르게 검파하기 위한 조정 원리는 복잡하지만, 여기서는 이론보다는 실전 조정 절차를 중심으로 소개한다. 특히 튜너가 수신 불량 상태일 때, 다음의 절차를 따라 검파코일을 조정하면 된다.

① 안테나를 튜너에 연결하고 주파수를 88 - 108MHz의 중간 부분인 98MHz 정도에서 가

장 가까운 강한 신호의 채널로 맞춘다. 지역에 따라 수신 주파수가 달라지므로 미리 자기 지역의 중심부에서 강한 신호를 확인해 둘 필요가 있다. 그러나 중심부 주파수에서 강한 채널이 여의치 않으면 위아래 극단의 주파수가 아닌 적당한 수준의 잘 잡히는 채널로 설정해도 큰 관계는 없다. 반드시 98MHz의 근처에서 맞춰야 하는 것은 아니다.

② 만일 FM 신호발생기가 있다면 98Mhz로 주파수를 맞추고 60dBμ의 신호강도로 튜너에 연결한다.

③ 멀티미터를 DC 전압 측정모드에 두고 측정봉을 검파코일 주변에 위치한 테스트 포인트 두 군데에 연결한다.

④ DC 전압을 측정한다. 수신이 안 되고 있는 튜너는 그림 3-13처럼 아마도 ±0.1V(±100mV) 이상으로 높은 전압이 측정될 확률이 높다. 정상적으로 FM 수신이 되기 위해서는 측정 전압이 가능한 0V가 되어야 한다. 최소 ±20mV(±0.02V) 정도 내에 위치하도록 검파코일의 코어를 조정해야 한다.

그림 3-13 수신이 안되는 튜너의 테스트 핀에서 DC 전압이 약 0.2V로 측정되고 있음

    내 손으로 고치는 빈티지 오디오

⑤ 대부분의 검파코일은 그림 3-14처럼 두 개가 나란히 배치되어 있으며, 각각 1차·2차 코일로 구분된다. 이 중 1차 코일이 테스트 전압을 조정하는 주된 역할을 한다. 회로도를 보면 가장 확실하지만, 대체로 IF IC에 가까운 코일이 1차이다. 특히 인켈 제품의 경우, 코어 색상이 흰색이면 1차, 파란색이면 2차이다. 부품 번호가 인쇄된 경우 L201, L202 혹은 T101, T202처럼 작은 숫자가 1차이다.

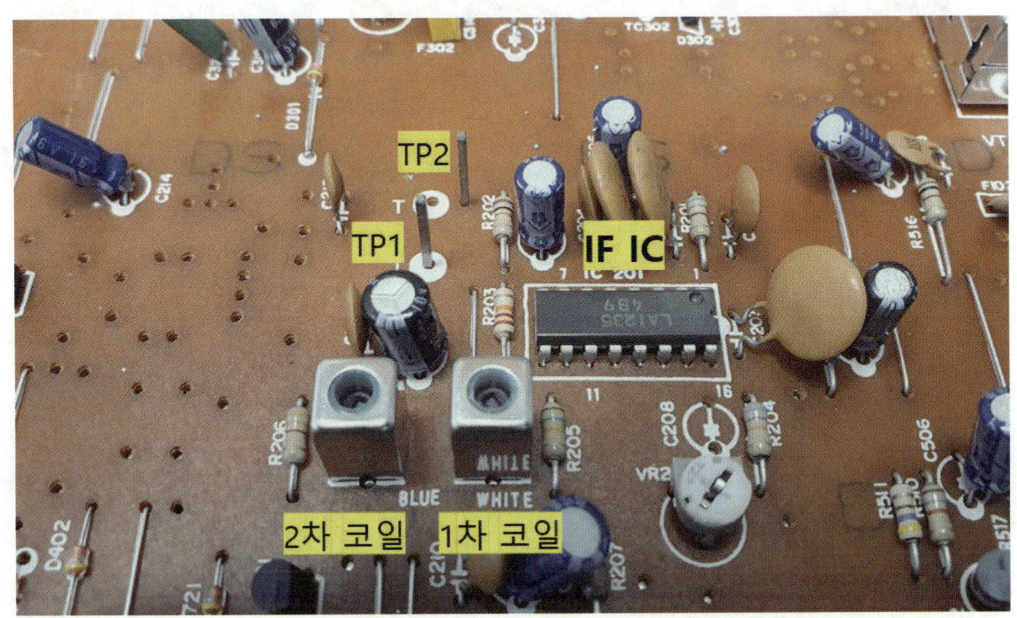

그림 3-14 검파코일(화이트 1차, 블루 2차)과 테스트 포인트 핀

1차 코일의 코어를 조정할 때는 그림 3-15와 같이 2장의 계측기 및 도구, 기타 공구편에서 소개한 코어 조정봉을 사용하도록 한다.

그림 3-15 조정봉으로 1차 검파코일을 조정하는 중

⑥ 1차 코어를 전용 조정봉으로 조심스럽게 좌우로 돌리면 멀티미터의 전압값이 변화한다. 최초의 측정전압이 +나 -와 관계없이 좌우로 돌려 0V에 가깝도록 조정한다. 그림 3-16와 같이 회전에 따라 전압값이 잘 변화된다면 약 ±0.04V(±40mV) 정도에서 수신이 시작될 것이다. 미세하게 조정하여 최대한 0V에 근접하게 한다. ±0.02V(±20mV) 이내로 조정한 후 이번에는 2차 코일을 조정하면 아주 미세하게 0V에 가깝게 조정할 수 있다. 1차 코일은 검파가 되기 위한 기본적인 조정이고 2차 코일은 왜율(distortion)을 조정하는 미세단계라고 이해해도 좋다. 2차 코일까지 조정하여 0V에 가깝게 조정하면 기본 검파 조정은 완료된 것이다.

그림 3-16 검파코일의 테스트 포인트간 전압을 약 0V로 맞춘 상태

⑦ 만일 1차 코일을 조정하는데 전압의 변화가 크지 않고 0V 근처로 조정되지 않는다면 검파 코일의 불량일 확률이 높다. 이때는 코일의 조정으로는 해결되지 않고 새로운 코일로 교체를 해야만 한다. 새로운 검파코일로 교체한 후 다시 0V 조정을 시도하면 해결이 된다.

⑧ 80-90년대 사용되었던 IF IC와 검파코일은 이제 국내에서 생산 유통이 되지 않는다. 신품 검파코일은 알리익스프레스를 통해 해외에서 구입할 수 있다.

■ 뮤트 레벨의 조정

FM 검파 조정이 완료되었다면, 다음으로 뮤트 레벨(Mute Level) 조정을 진행한다. 이 항목은 'TUNED 조정'이라고도 하며, 아날로그와 디지털 튜너 모두에 존재하지만, 자동 선국 기능이 있는 디지털 튜너에서 특히 중요하다.

디지털 튜너는 주파수 업/다운 버튼으로 채널을 스캔할 때, 수신 전파 강도가 일정 수준 이상일 경우에만 해당 채널에서 멈추고 'TUNED' 표시를 켠다. 이때 수신 가능 여부를 판단하는 문턱값이 바로 뮤트 레벨이다.

뮤트 레벨을 너무 높게 설정하면 수신 감도가 낮은 방송은 검파가 되어도 TUNED 표시가 점등되지 않아 수신되지 않는 것처럼 처리한다. 반대로 너무 낮게 설정하면 미약한 신호까지 모두 수신되어 잡음만 나오는 약한 신호의 채널도 수신 상태로 처리한다.

정확한 뮤트 레벨 조정은 FM 신호 발생기가 있어야 설정할 수 있는데 신호 발생기가 있는 경우와 없는 경우로 나누어 조정법을 알아보자.

① 검파 단계의 조정처럼 FM 신호 발생기로 98Mhz의 주파수를 세기는 20dBμ로 설정하여 튜너에 입력한다. 검파조정 단계에서는 60dBμ의 강도로 설정하였는데 이 강도는 잘 수신되는 주파수의 강도를 산정한 세기이고 20dBμ는 수신된다고 허용되는 즉 튜너에 TUNED라고 불이 켜지고 소리가 나오게 하는 문턱 강도의 기준이다.

② 그림 3-17과 같이 뮤트 레벨 또는 TUNED 레벨을 조정하는 트리머 저항은 FM 검파부의 IF IC 부근에 있다. 자세한 위치는 해당 모델의 서비스 매뉴얼에서 찾아도 되는데 이 트리머 저항에는 보통 MUTE, TUNED 라고 PCB에 표기되어 있는 경우가 많다.

그림 3-17 IF IC HA12412 바로 옆에 FM TUNED 조정 트리머가 있다

          내 손으로 고치는 빈티지 오디오

③ TUNED가 되는 최소한의 세기인 20dBμ로 신호가 입력되는 동안 트리머 저항을 좌우
로 돌리면서 TUNED가 표시가 안되는 상태에서 그림 3-18처럼 TUNED가 켜지는 상태
로 위치시킨다. 이 위치가 바로 20dBμ 이상의 신호부터 TUNED를 하는 설정이다.

그림 3-18 FM 신호발생기의 신호를 입력받아 98MHz에서 TUNED된 상태

④ 만일 FM 신호 발생기가 없고 FM 검파 단계에서 방송들이 잘 수신되고 있다면 TUNED
트리머를 조정할 필요는 없다. 괜히 건드렸다가 멀쩡한 방송이 안 나올 수도 있기 때문
이다. 신호 발생기가 없다면 20dBμ 정도의 세기를 설정할 수 없기 때문에 트리머를 돌
려서 대부분이 방송이 다 나올 수 있게 뮤트 레벨을 낮추는 것이 오히려 안전하다. 뮤트
레벨을 올려 놓으면 적당히 잡혀야 하는 방송들이 모두 TUNED가 안 되고 차단될 것이
기 때문이다.

⑤ 뮤트 레벨 또는 TUNED 레벨은 부품의 노화로 설정이 바뀌는 부분은 아니다. 간혹 조
정용 트리머 저항이 불량이 되어 저항값이 완전히 틀어진 경우가 있고, 실수로 이 트리
머를 돌려 버린 상태라면 TUNED가 안 되는 수신불능 상태가 되는 경우가 종종 있다.

⑥ FM 검파 단계에서 검파코일의 조정 또는 교체로 0V를 정확하게 맞췄는데도 수신이 안
되고 TUNED 램프가 켜지지 않는다면 뮤트 레벨 트리머를 조정해 봐야 한다. 아마 트
리머 저항이 불량이거나 매우 높은 값으로 설정되어 모든 방송이 다 차단된 상태일 수
있다. 이때에는 트리머 저항을 적당히 돌려서 차라리 많은 방송이 TUNED 되게 설정하
는 편이 낫다.

■ MPX 스테레오 디코더 조정

검파 단계를 거친 신호는 MPX 단계에서 스테레오 신호인지 여부를 판단하고 스테레오 신
호라면 모노로 합성된 신호를 L, R 두 채널로 복호화하는 단계를 거치게 된다.

이 단계에서는 MPX를 처리하는 IC는 튜너에서 만들어 내는 19kHz의 2배 또는 4배의 신
호인 38kHz, 76kHz를 기준으로 검파된 신호를 복호화하는 작업을 한다. 그런데 만일 기기
에서 39kHz 또는 76kHz의 신호를 정확하게 만들어 내지 못하면 복호화에 실패하게 되고 튜
너는 STEREO 방송이 아닌 모노 방송인 것처럼 처리하게 된다.

MPX IC 부근에는 디코딩용 기준 주파수의 생성을 위한 VCO(Voltage Controlled Oscillator)
조정용 트리머가 있다. 스테레오 처리가 되지 않을 경우 이 트리머를 조정하여 VCO 전압을
조정하고 스테레오 처리를 할 수 있다.

대부분 튜너에서 이 VCO 전압을 조정하는 가이드는 주파수 카운터를 통해 39kHz 또는
76kHz의 주파수가 측정되도록 트리머를 조정하도록 하고 있다. 그러나 주파수 카운터가 없
어도 어렵지 않게 조정할 수 있는 방법이 있으니 이 방법도 알아보자.

① 주파수 카운터를 준비하고 그림 3-19처럼 VCO 측정 테스트핀에 연결한다.

그림 3-19 주파수카운터의 흑색봉은 튜너의 섀시(그라운드)에 적색봉은 테스트 포인트에 연결한 상태

② 트리머를 좌우로 조정하여 그림 3-20과 같이 주파수 카운터에 76kHz가 나오는 위치로 한다. (튜너마다 측정해야 하는 주파수가 다를 수 있으므로 서비스 매뉴얼을 참조하도록 한다)

그림 3-20 주파수 카운터로 약 76kHz가 수신되고 있는 상태

③ 튜너가 SETREO로 수신되는지를 확인한다.

VCO 조정을 통해 76kHz를 맞추는 것은 트리머를 선형적인 정밀한 조정을 필요로 하지 않는다. 예를 들어 트리머의 조정에 따라 76kHz가 출력되는 수준은 그림 3-21과 같이 비교적 넓은 범위를 갖는다.

예를 들면 트리머의 조정 범위에 상당수 범위에서 76kHz가 맞춰진 상태가 되고 이 영역에서는 튜너에 STEREO 점등(빨간색)이 되는 구간이다. 주파수 카운터가 없더라도 튜너의 STEREO 점등이 켜지는 구간의 시작과 끝부분을 대강 감지해서 트리머를 그 가운데 즈음에 두면 주파수 카운터로 조정한 것과 거의 유사한 설정이 된다. 이와 같이 조정 원리만 알면 어렵지 않게 스테레오 수신이 되도록 설정할 수 있다.

내 손으로 고치는 빈티지 오디오

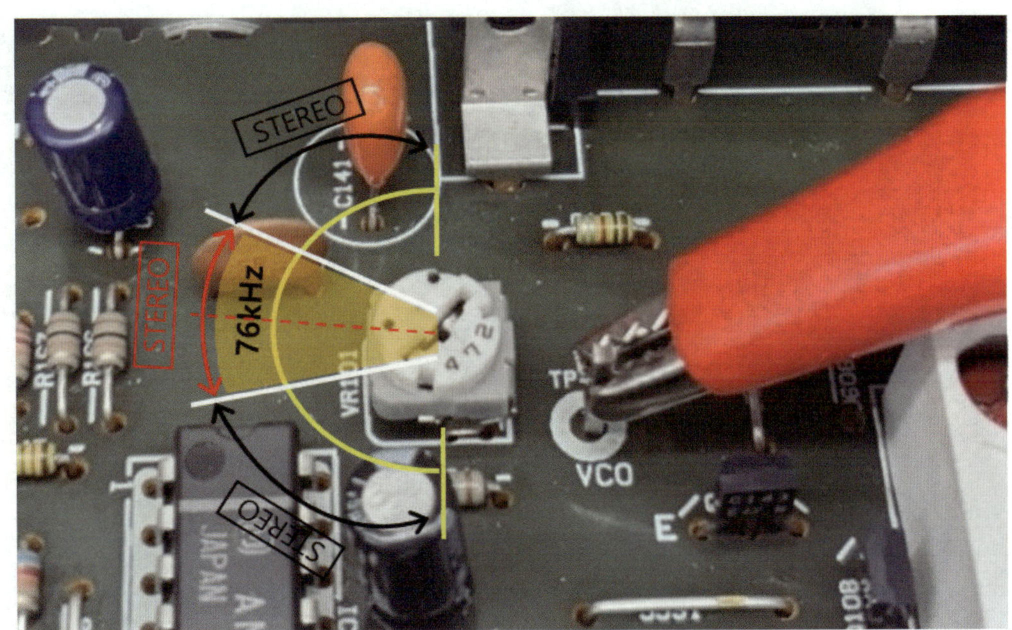

그림 3-21 VCO 트리머의 조정 각도에 따른 스테레오 수신 가능 범위

■ 스테레오 분리도 조정

MPX 디코딩 단계에서 VCO 조정을 통해 76kHz 신호가 정확히 생성되고 스테레오 분리가 이루어졌다면, 스테레오 분리도(FM Separation) 조정이 그 다음 단계이다. 그림 3-22와 3-23과 같은 FM 분리도 조정 기능은 고급형 튜너 모델에서는 종종 있고, 중저가형 모델에서는 조정 기능이 없는 것도 많으니 조정 기능이 없다면 이것은 넘어가면 된다.

FM 분리도 조정은 FM 신호 발생기와 오실로스코프가 있어야 가능하다. 다만, VCO 조정보다 민감도가 낮아 트리머가 극단적인 위치(최대, 최소)에만 있지 않다면 대체로 정상적인 스테레오 분리를 유지할 수 있다. 조정이 반드시 필요한 것은 아니지만, 방법을 익혀 두면 도움이 된다.

그림 3-22 인켈 TX-3010C의 VCO와 FM Separation 조정

그림 3-23 인켈 TX-5030G의 VCO와 FM Separation 조정.
국내에서는 FM 수신대역을 WIDE 모드로 설정하고 조정하면 된다.

 내 손으로 고치는 빈티지 오디오

① FM 신호발생기의 주파수를 98MHz 부근, 신호세기는 60dBμ로 한다. (오디오 신호는 1kHz 싸인파)

② 이 신호를 FM 튜너 안테나에 주입하고 튜너의 RCA 출력단자를 오실로스코프에 연결하여 L, R 두 채널의 신호를 그림 3-24와 같이 나오는지 확인한다.

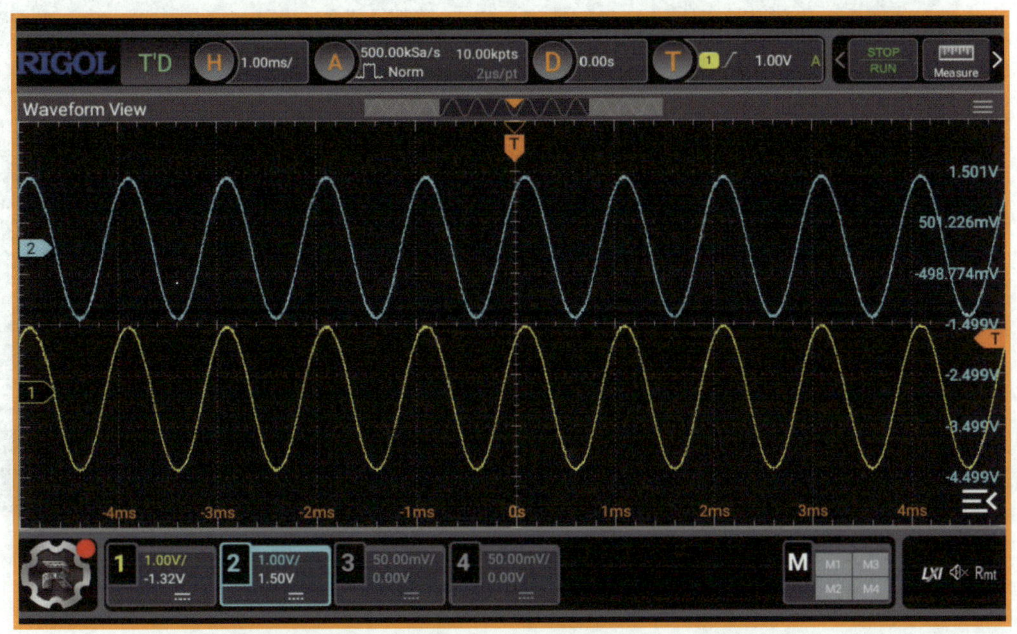

그림 3-24 오실로스코프에 L(위), R(아래) 두채널에서 1kHz 신호가 출력되는 중

③ L, R 두 채널 모두 입력된 1kHz의 싸인파가 잘 출력되고 있는지를 확인한 후 FM 신호 발생기의 설정을 L 채널만 단독으로 송신되도록 한다. 오실로스코프 파형은 그림 3-25 와 같이 된다.

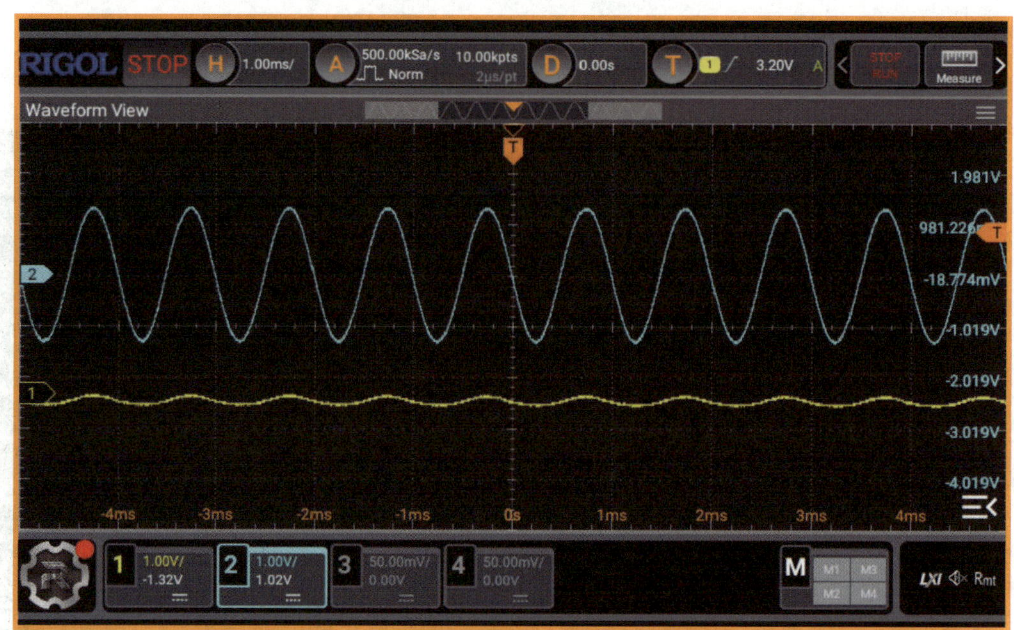

그림 3-25 L채널에서만 신호가 나오는 중 R 채널에 약간의 파형이 남아 있지만 이 정도는 괜찮다.
R채널의 신호가 최소가 되도록 트리머를 조정한다.

④ 오실로스코프상에 L 채널만 정상적으로 싸인파가 나오고 R 채널은 신호가 사라진다. 만일 이 상태에서 R 채널에 싸인파 신호가 보인다면 이때 스테레오 분리도 트리머를 조정하여 R 채널의 신호가 거의 안 나오도록 조정한다. 만일 분리도 조정이 틀어져 있다면 그림 3-26처럼 R 채널에도 신호가 크게 보일 수 있다.

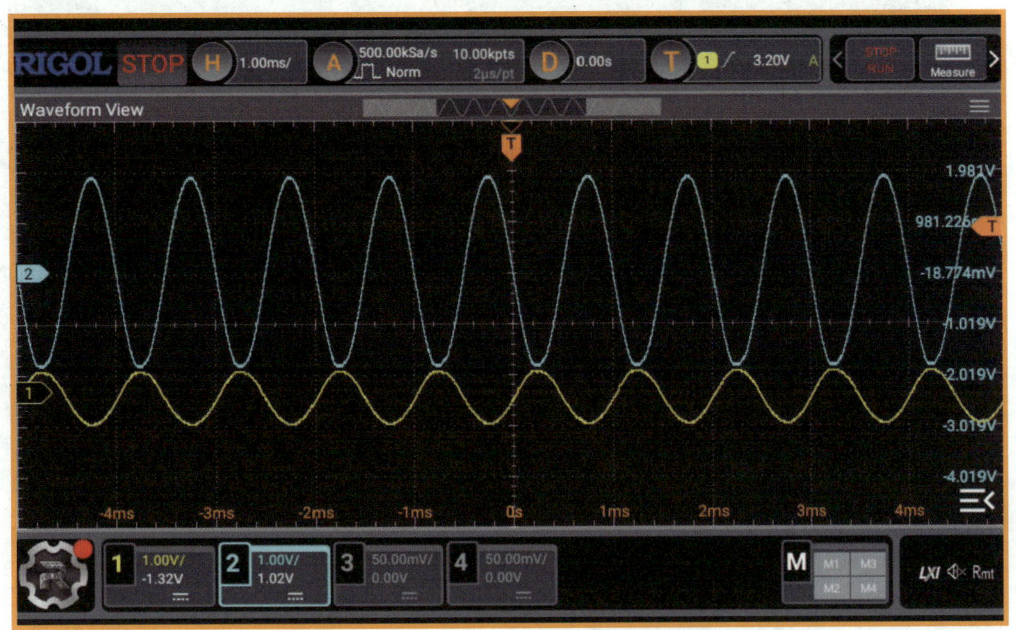

그림 3-26 스테레오 분리도의 조정이 잘못된 예.
R채널에 상당한 신호가 나오고 있어서 스테레오 분리도가 매우 낮은 상태이다.

⑤ 이 조정값은 앞선 VCO 조정보다 훨씬 더 민감도가 낮다. 트리머의 최소, 최대의 극단값 부근만 아니라면 대부분 사진처럼 일직선에 가까운 신호 없는 상태로 나온다.

⑥ 이번에는 FM 신호발생기에 R 채널만 정상적으로 싸인파가 나오도록 설정한다. 오실로
스코프에 그림 3-27과 같은 파형이 나온다.

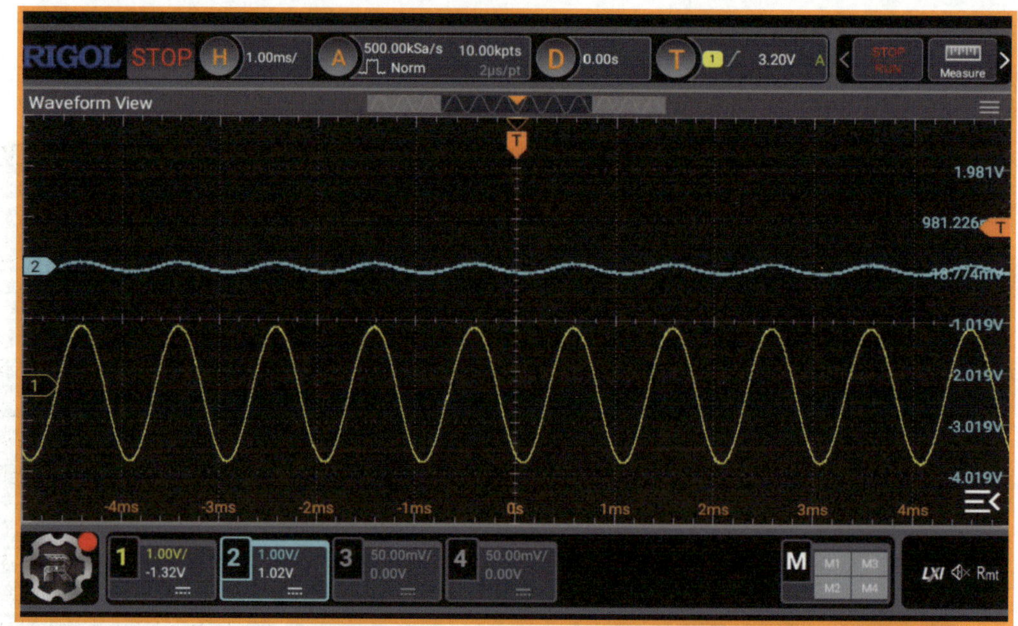

그림 3-27 이번에는 R 채널만 나오도록 한 상태. 대부분 L 채널 조정상태와 동일하다.

⑦ 오실로스코프상에 L채널은 신호가 안 잡히고 R 채널만 싸인파가 잡히게 된다. 스테레
오 분리도 조정은 L, R 채널을 따로 설정하는 것이 아니어서 한 채널에서만 조정이 잘
되면 나머지 채널에서도 문제없이 분리도 설정이 된다.

4) 고장 유형별 점검

지금까지 디지털 튜너를 중심으로 튜너의 작동 원리와 주요 조정 포인트에 대한 설명을
단계적으로 소개했다. 수신이 안 되는 튜너를 수리해 보고자 할 때 앞서 설명한 조정 포인트
들에서 복합적으로 문제가 발생했다면 조정이 쉽지 않을 수도 있다. 일단 고장 증상에 따라
접근하는 방법을 다시 한번 정리해 보자. 튜너의 전원은 정상적으로 들어오는 상태이고 안

　　　　　　　　　　　　　　　　　　　　내 손으로 고치는 빈티지 오디오

테나를 연결하여 수신이 가능한 상태라고 가정하자.

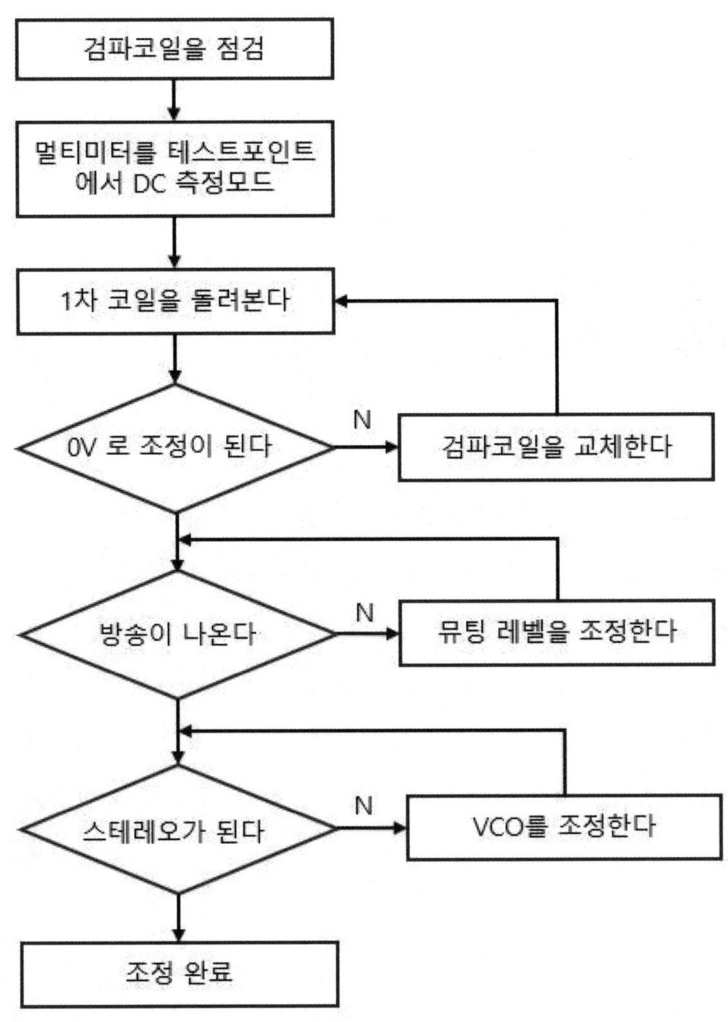

① 수신이 되지 않는 다면 가장 먼저 확인해야 할 것은 검파코일의 테스트포인트에서 몇 V가 측정되는지 체크하는 것이다. 0V에서 많이 벗어나 있다면 1차 코일을 돌려보면서 0V 조정이 되는지 확인해 봐야 한다.

② 약간의 1차 코일의 조정으로 0V 근처로 조정이 가능하다면 코일의 조정만으로도 일단

의 조치는 해결되었다고 봐도 된다.

③ 코일의 조정으로 0V 부근에 맞추었으나 코어를 상당히 회전하여 코어가 코일 내의 극단위치(최상, 최하단 부근) 부근까지 이동했다고 판단되면 당장은 조정이 되었지만 근시일내에 다시 수신이 안될 확률이 높다. 이때에는 검파코일을 교체하는 것이 근본적인 해결법이다.

④ 검파코일의 조정으로 0V 근처로 맞췄다면 방송이 스테레오 램프의 점등과 함께 잘 수신될 것이다. 혹시 검파코일을 0V에 맞추었는데도 방송이 안 나온다면 그 다음은 뮤트 레벨을 점검해 보면 된다.

⑤ 뮤트 레벨(혹은 TUNED 레벨)을 조정하여 방송이 수신되는지 확인해 본다. FM 신호 발생기 등의 계측장비가 없다면 적당히 조정하여 다른 주파수의 방송들이 다 나오는지 확인해 보는 수준에서 조정을 한다.

⑥ TUNED 램프가 켜지고 방송은 나오는데 STEREO 램프가 켜지지 않는다면 VCO 조정을 한다. VCO 조정을 해서 STEREO 램프가 켜지는 구간으로 트리머를 조정한다.

2 인티그레이티드 앰프

1) 인티그레이티드 앰프의 구조

인티그레이티드 앰프(Integrated Amplifier)란 앰프를 프리앰프와 파워앰프로 나눌 때 이 두개의 앰프를 한 개의 기기로 통합한 앰프를 말한다. 고가의 앰프 시스템은 프리앰프와 파워앰프가 분리되어 있기도 한데 합쳐진 형태의 인티그레이티드 앰프와 구조적으로는 큰 차이는 없다. 그리고 인티그레이티드 앰프가 훨씬 더 보편적인 앰프이므로 여기서는 인티그레이티드 앰프를 기준으로 검토해 보도록 하자.

일반적인 앰프의 개괄적인 구조를 그림 3-28의 블록 다이어그램으로 살펴보자.

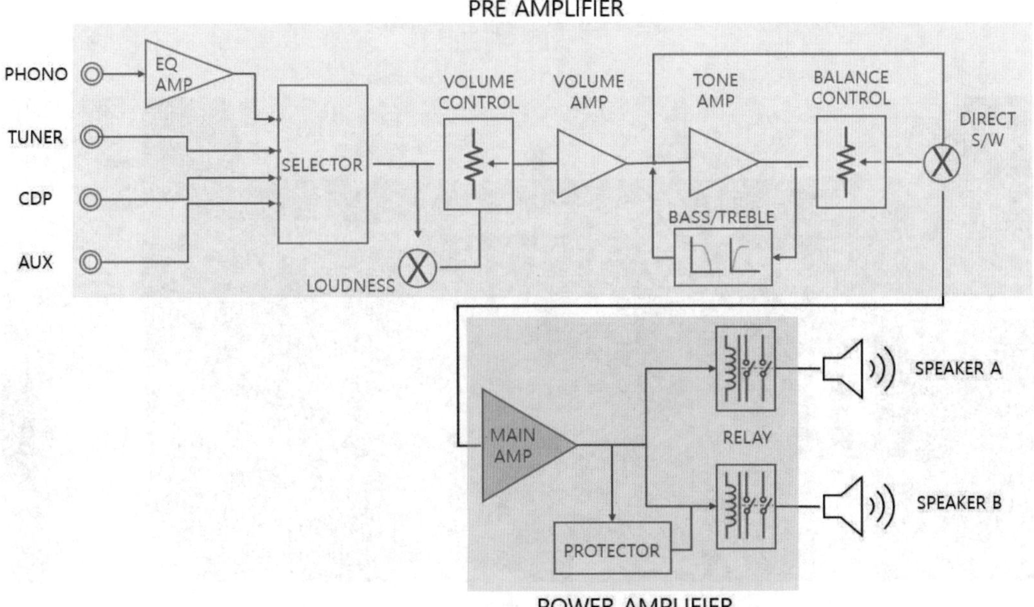

그림 3-28 인티그레이티드 앰프의 블록 다이어그램

먼저 프리앰프부는 포노, 튜너 등 입력신호를 선택하는 단계가 있다. 셀렉터는 그림 3-29
와 3-30과 같은 기계적 접점방식이 있고, 그림 3-31과 같이 전자적 접점 방식인 셀렉트 IC를
사용하는 기기도 있다. 기계적 접점식은 어떤 방식이든 세월이 흐르면 접점부의 오염 등으
로 잡음이 발생하는 단점을 가지고 있다. 앰프에 잡음이 나거나 채널 내 신호가 불안할 때
일차적으로 점검해야 할 부분 중에 하나가 셀렉터이다.

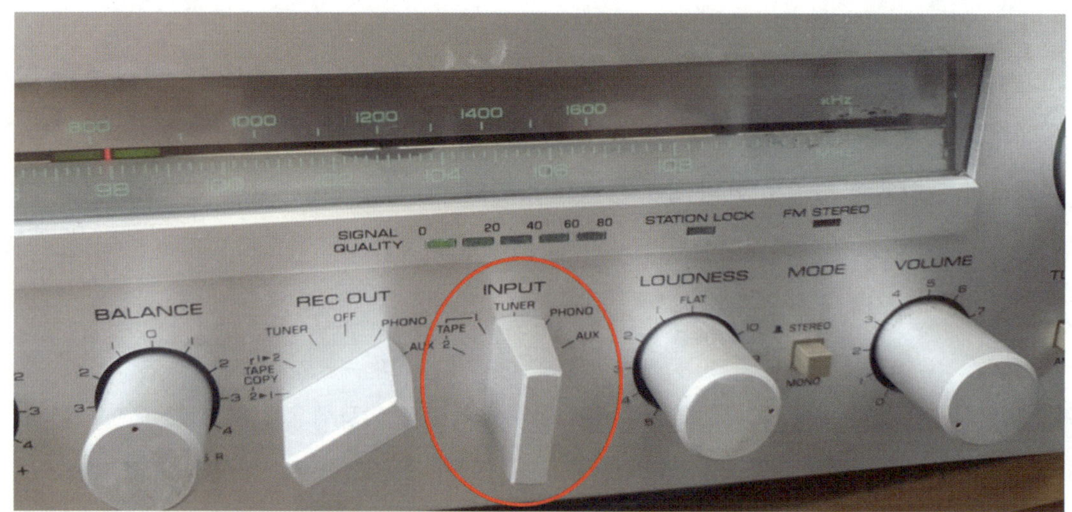

그림 3-29 로터리 접점식 셀렉터

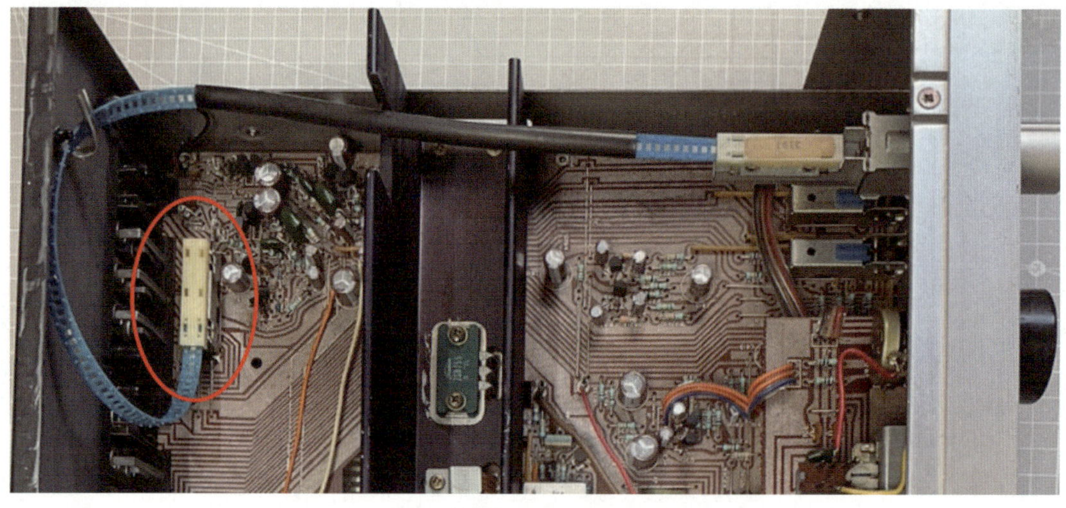

그림 3-30 슬라이드 접점식 셀렉터

내 손으로 고치는 빈티지 오디오

그림 3-31 IC LA7821를 사용하는 전자식 셀렉터

　선택된 입력신호는 메인 볼륨과 라우드니스 회로를 지나 톤 콘트롤부 BASS, TREBLE 조정 그리고 BALANCE 조정단계를 거친다. 만일 DIRECT 또는 BYPASS 버튼이 있다면 셀렉트된 신호가 톤 콘트롤부를 거치지 않고 바로 파워앰프부로 신호가 전달될 수도 있다.

　오랜 시간 방치된 앰프의 음질불량의 주원인은 그림 3-32와 같은 프리앰프단의 메인볼륨, 라우드니스 스위치, 톤 콘트롤 볼륨, 밸런스 볼륨, 다이렉트 스위치등 거의 모든 스위치와 볼륨의 접점 불량에서 발생된다. 앰프에서 음질 불량이 나온다면 프리앰프부를 집중적으로 점검하고 어느 단계에서 접점 불량이 나는지 확인하는 것이 중요하다.

　톤 콘트롤부를 지난 최종 프리아웃 신호는 파워앰프로 전달되어 증폭단계를 거친다. 보통은 차동증폭단계를 통한 전압증폭, 파워 트랜지스터를 통한 전류 증폭, 그리고 스피커 릴레이를 거쳐서 스피커 단자로 최종 출력신호가 나온다. 대부분의 앰프는 프로텍트 보호 모드 회로를 가지고 있어서 DC OFFSET 점검, 스피커 릴레이의 지연 연결, 과열측정 등의 기능을 가지고 있다.

그림 3-32 프런트 패널에서 분리된 프리앰프부 PCB

앰프의 내부 구조와 PCB의 배열은 제조사마다 다르지만 전체적인 구성은 위에 소개한 블록 다이어그램에서 크게 벗어나지 않는다. 이제 그림 3-33을 통해 실제 앰프의 내부를 한번 살펴보자.

그림 3-33 앰프의 주요 모듈이 배치된 예

 내 손으로 고치는 빈티지 오디오

앰프 후면의 입력단자에 연결된 PCB가 셀렉트부이다. 이 모듈에서 프런트 패널에서 선택한 입력단자로 제대로 신호가 들어오는지 그리고 셀렉트 이후의 신호가 정상인지 확인이 가능하다. 셀렉트 모듈 이후에 볼륨과 톤 콘트롤이 있는 부분으로 넘어가는데 대부분 인티앰프의 프리앰프부는 주로 앰프의 프론트 패널쪽에 위치하고 있다. 그림 3-33의 예는 볼륨과 라우드니스 회로는 셀렉트 보드에 위치하고 있고, 이후로 프런트패널 PCB에 톤 콘트롤부가 위치하고 있다. 경우에 따라 볼륨이 프런트패널에 위치할 수도 있다.

프리앰프의 출력단자는 앰프의 가장 바닥에 있는 메인 PCB인 파워앰프부로 연결되고 증폭 트랜지스터의 열발산을 위한 큰 방열판이 배치되고 최종 출력 신호는 스피커 릴레이를 통해서 스피커 단자로 연결된다.

전원부는 트랜스와 평활을 통한 정류부와 DC 정전압부 그리고 리모콘 대응을 위한 스탠바이 전원부로 나뉘어 있다.

2) 앰프 점검을 위한 사전 준비

■ 테스트 장비의 연결

앰프가 정상적으로 작동되는지는 아래의 사진처럼 테스트 환경을 구축하고 점검하면 정확하게 앰프의 상태를 진단할 수 있다. 그림 3-34에 앰프의 점검을 위한 기본적인 테스트 환경을 보여 주고 있다.

먼저 신호의 입력은 오디오 신호 발생기 또는 함수 발생기 기기를 사용하여 1kHz의 싸인파를 설정하고 동일한 신호를 앰프의 입력부 L, R 채널에 입력한다. 오디오 신호 발생기 같은 기기가 준비되어 있지 않다면 스마트폰의 함수 발생기 앱을 사용해도 관계없다.

출력은 테스트용 스피커를 연결한다. 테스트 중에는 퍽 노이즈가 발생하거나 출력부 손상으로 인해 스피커 단자로 높은 DC 전압이 나와 스피커 코일에 손상을 줄 수도 있기 때문에 저가의 테스트용 스피커를 사용하는 것을 권장한다. 스피커로는 싸인파 출력신호를 귀로 들으며 음의 왜곡이나 좌우 채널의 균형을 확인한다.

　정확한 점검을 위해서는 스피커를 통해 귀로 듣는 것뿐만 아니라 스피커 단자에 오실로스코프를 연결하여 출력 파형 상태를 눈으로 확인하는 것이 가장 좋다. 오실로스코프는 스피커 출력단자뿐 아니라 앰프 내부의 신호처리 단계마다 체크하여 파형이 왜곡 없이 전달되고 있는지 또는 좌우 채널 간에 불균형이 발생되는지를 파악할 수 있다.

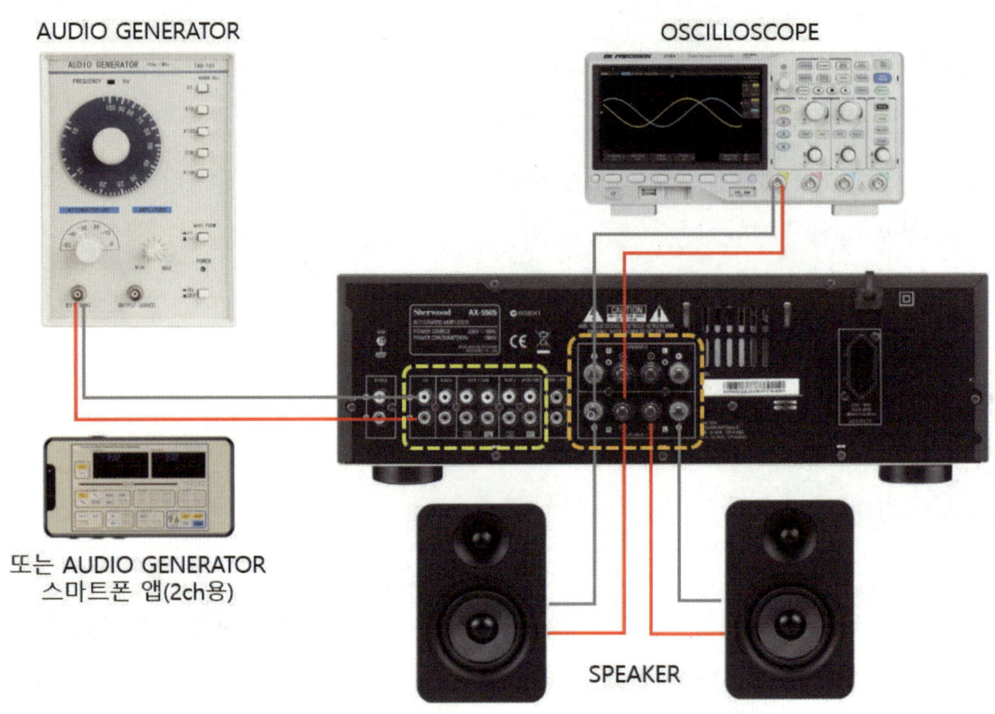

그림 3-34 앰프의 점검을 위해 계측장비를 연결한 상태

■ 접점부활제

　앰프의 접점에서 발생하는 잡음을 제거하기 위해서는 접점부에 전용세정제를 사용해서 세척작업을 해야 한다. 접점부에 사용하는 세정제는 간혹 잘못된 사용으로 오히려 문제를 일으키는 사례도 종종 있으므로 접점부활제 또는 접점세정제에 대해 알아보도록 하자.

　전기적 접점부활제는 강한 휘발성을 갖고 접점부에 잔유물을 남기지 않은 채 오염물을 용

내 손으로 고치는 빈티지 오디오

해하여 세척 또는 증발시키는 작업을 하는 것이다. 가장 많이 사용하는 접점부활제는 BW-100가 있고 고가의 DeoxIT D5가 있다. 둘 다 스프레이 방식이고 접점부에 전원을 넣은 상태에서도 도포하면서 세척할 수 있다.

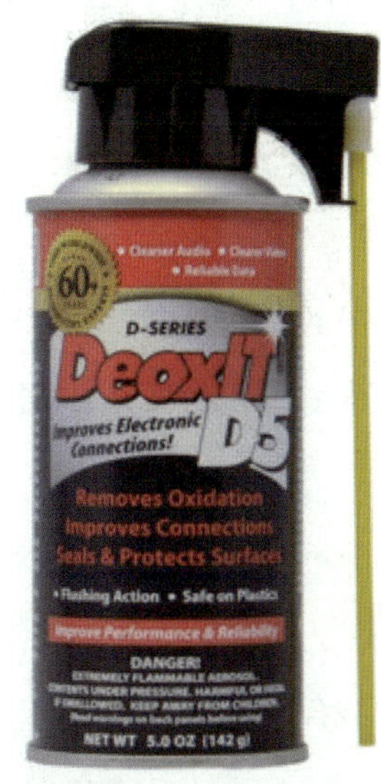

그림 3-35 접점부활제(BW-100, Deoxit D5)와 방청윤활제(WD-40)

반면 가장 손쉽게 구할 수 있고 논란이 되고 있는 방청 윤활제는 WD-40이다. 실제로 주용도는 방청 기능이 있어서 수분을 날리고 윤활 역할을 해 주는 다용도 제품인데 오디오의 볼륨과 같은 접점부에 사용하면 안 된다는 주장을 하는 쪽이 대다수의 의견이다. WD-40을 접점부에 사용할 때 잠깐은 작동을 잘 하지만 나중에 더 많은 오염물질이 흡착되고 접점면에 악영향을 끼칠 것이라는 주장이다. 해외에서도 사용자 간에 논란이 있는데 WD-40을 접점부에 절대 사용하면 안 되는가에 대한 것은 논란이 있다.

볼륨이나 톤 콘트롤부에 사용되는 포텐쇼미터(potentiometer)의 탄소 트랙부의 세척은 오염도 제거해야 하지만 약간의 윤활성 피막이 도포되어야 탄소 트랙의 손상 없이 작동할 수 있다. 이런 관점에서는 DeoxIT 사의 접점부활제 제품들이 윤활제가 포함되어 있어서 효과가 좋다는 평가가 있다.

3) 프리앰프부의 점검

　오래된 앰프의 프리앰프부에는 여러 가지 고장이 있을 수 있지만 대부분을 차지하는 접점 불량에 대해서 중점적으로 다뤄 보도록 한다. 프리앰프에는 입력단자를 선택하는 셀렉터와 볼륨 그리고 톤 콘트롤부가 있는데 이 부품들은 주로 전기신호를 기계적 접점을 통해 스위칭하거나 저항값을 변화시키는 장치들이다. 기계적 접점부들은 노후화가 되면서 오염 등의 원인들로 잡음을 발생시키는 고질적인 고장 발생 부위이다.

　오디오 신호발생기로 1kHz의 신호를 앰프에 입력하고 스피커로 들어 보면서 볼륨과 톤콘트롤을 조정할 때 잡음이 발생한다거나 소리가 불균형하다거나 또는 아예 한쪽 채널에 소리가 안 나오는 상황이라면 아래의 단계로 프리앰프부를 점검해 본다.

■ 셀렉터의 점검

　기계적 셀렉터의 접점에 문제가 생겼을 때는 특정 입력단자에서만 잡음이 발생할 수 있으므로 일단 신호입력을 다른 입력단자로 옮겨서 상태를 확인한다.

　셀렉터 버튼을 살짝 돌려 보고 입력단자를 바꿔서 모니터링을 해 보면 잡음이 생기는 입력단자가 있거나 셀렉터 레버의 위치에 따라 잡음이 생겼다 안 생겼다 하는 상황이 있을 수 있다. 기계식 셀렉터에서 자주 발생하는 문제이고 접점 부활제를 활용해서 세척하여 해결한다.

　셀렉터는 그림 3-36의 로터리 방식이든 그림 3-37의 로터리+슬라이드 접점방식이든 숙련된 전문가가 아니라면 분해하여 세척하는 것은 추천하지 않는다. 셀렉터 외부에 노출된 구멍에 접점부활제를 도포하고 수십 번 반복 작동하면서 접점부를 세척하는 방식이 안전한 세척 방법이다.

그림 3-36 로터리 방식 셀렉터의 세척제 도포 부위

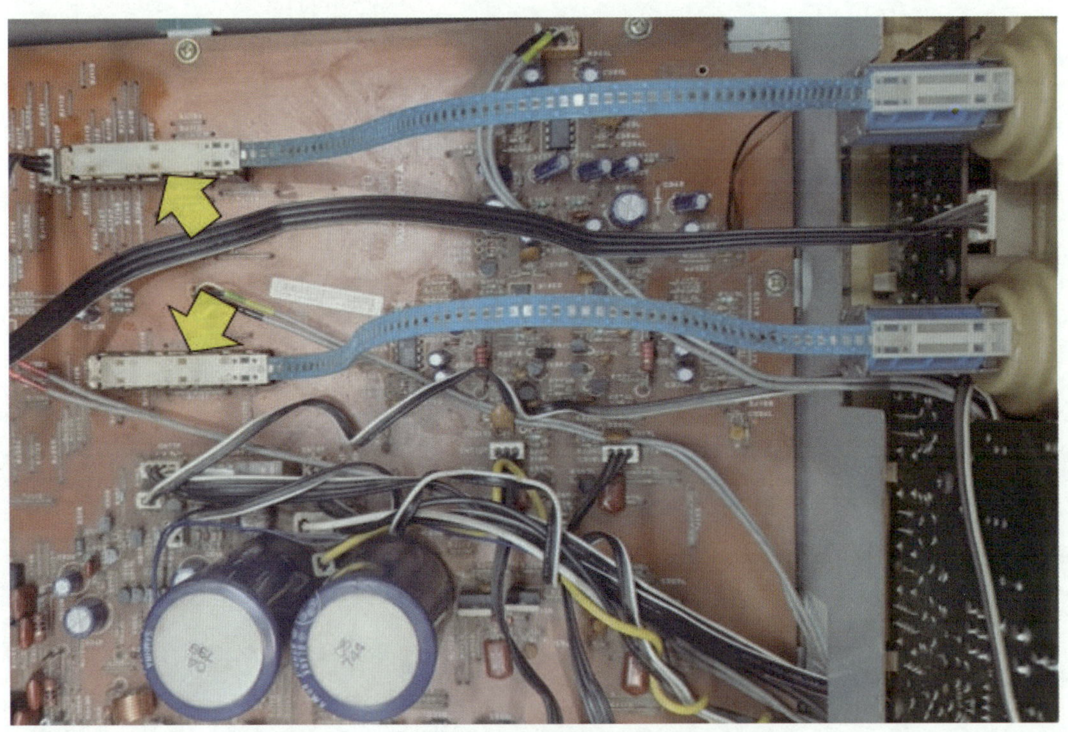

그림 3-37 슬라이드 방식 셀렉터의 세척제 도포 부위

프리앰프의 어느 부분에서 신호손실이나 왜곡이 되는지 확인하는 법은 오실로스코프로 각 단계별 신호라인(L, R 각각)을 측정하여 입력신호가 유지되는지 확인하는 것이다.

앰프 후면의 입력단자에서 정상적으로 주입되고 있는 1kHz의 신호를 확인하고 셀렉터 단계 이후의 신호에서도 동일한 파형이 유지되는지가 확인되면 셀렉터는 문제없이 통과되었다고 할 수 있다. 셀렉터를 통과한 신호는 대부분 볼륨을 거쳐서 톤 콘트롤로 넘어간다. 셀렉터만큼 접점 문제를 발생시키는 볼륨의 구조와 신호 측정법 등을 자세히 알아보도록 하자.

■ 포텐쇼미터의 종류와 핀구성

볼륨에 사용되는 가변저항의 정확한 명칭은 포텐쇼미터(Potentiometer)이다. 포텐쇼미터는 핀수와 동시에 작동하는 련수로 구분할 수 있다. 그림 3-38에서 오디오에 사용되는 몇 가지 포텐쇼미터를 보여 주고 있다.

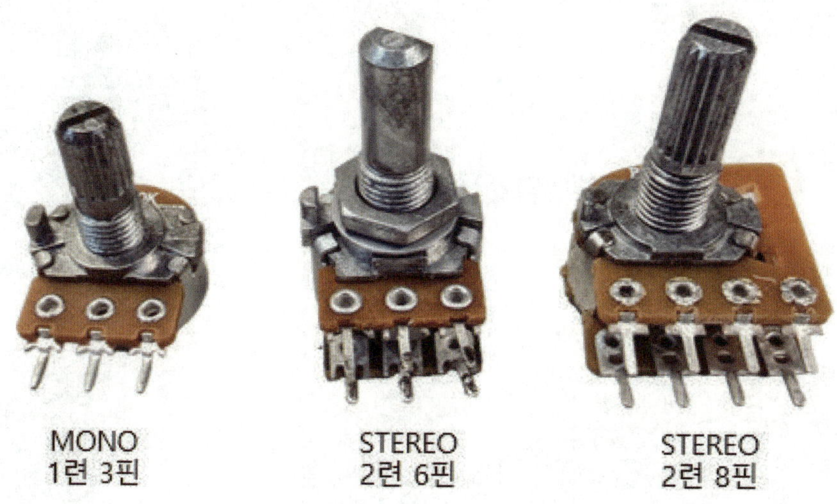

그림 3-38 포텐쇼미터의 종류

 내 손으로 고치는 빈티지 오디오

스테레오 앰프에서 사용되는 포텐쇼미터는 두 채널을 동시에 구동하는 2련식이고 톤 콘트롤부의 BASS, TREBLE등은 6핀이 사용되며 볼륨부는 8핀이 주로 사용된다.

그림 3-39의 일반적인 볼륨에 사용되는 포텐쇼미터의 핀 구성을 자세히 알아보자.

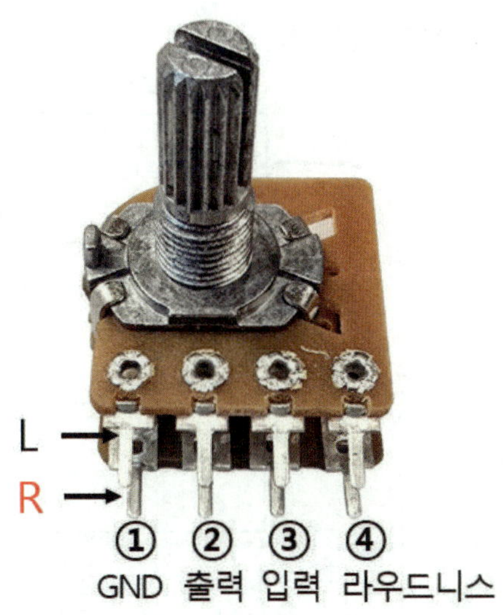

그림 3-39 라우드니스 기능이 있는 앰프의 2련 8핀 포텐쇼미터

회전축을 바라보고 앞장이 L채널, 뒷장이 R 채널이고 핀구성은 1번부터 접지, 출력, 입력이고 마지막 4번째핀은 라우드니스용 단자이다. 라우디니스 기능이 있는 앰프는 이렇게 8핀 포텐쇼미터가 사용되고 라우드니스 기능이 없으면 6핀을 사용한다. 음량강화를 하는 라우드니스는 회로상 낮은 볼륨에서 많이 적용되고 높은 볼륨에서는 적게 적용하는 특성 때문에 볼륨에 연동되어 있다.

■ 메인 볼륨 인 아웃 신호 확인

볼륨을 중심으로 신호의 입력부와 출력부를 점검해 보면 어느 부분에서 문제가 발생하는지 보다 명확해진다. 볼륨의 입력신호부터 좌우 편차 또는 신호의 왜곡이 보인다면 볼륨 앞단의 셀렉터 부분에서부터 문제가 발생된 것이고 출력 부분에서 왜곡이 보이면 볼륨 자체가 문제일 확률이 높다.

그림 3-40처럼 볼륨이 PCB에 실장된 상태와 회로도를 비교해 보면서 오실로스코프로 신호를 체크하는 상황을 가정해 보자.

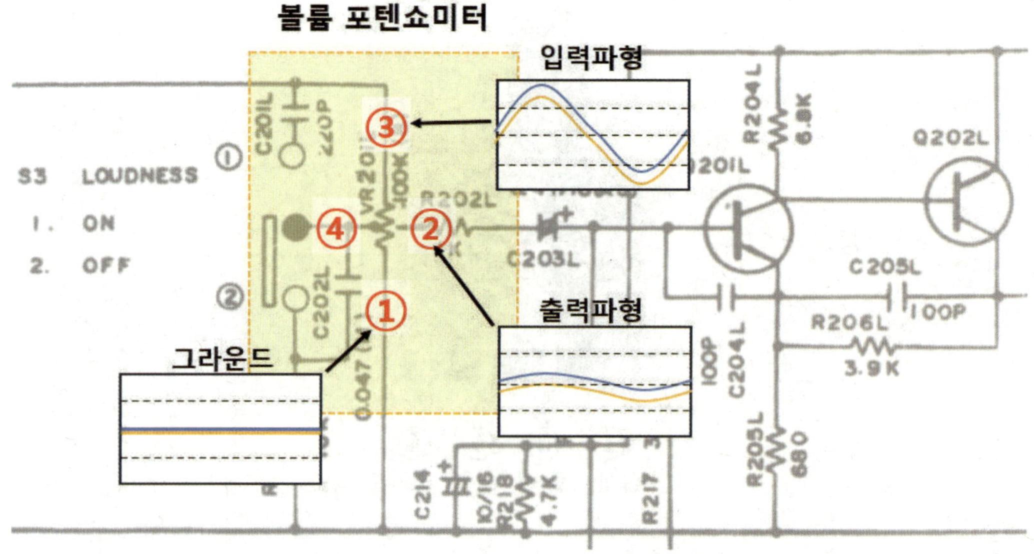

그림 3-40 회로도를 참조하여 포텐쇼미터 핀별 신호의 품질을 점검한다.

볼륨이 있는 위치에서 회로도와 실물 PCB를 참조하여 2, 3번의 핀을 L, R 두 채널 모두 오실로스코프로 측정해 본다. 실물 볼륨 보드라면 그림 3-41과 같은 형태인데 여기서는 4번핀의 라우드니스는 없는 경우이다.

  내 손으로 고치는 빈티지 오디오

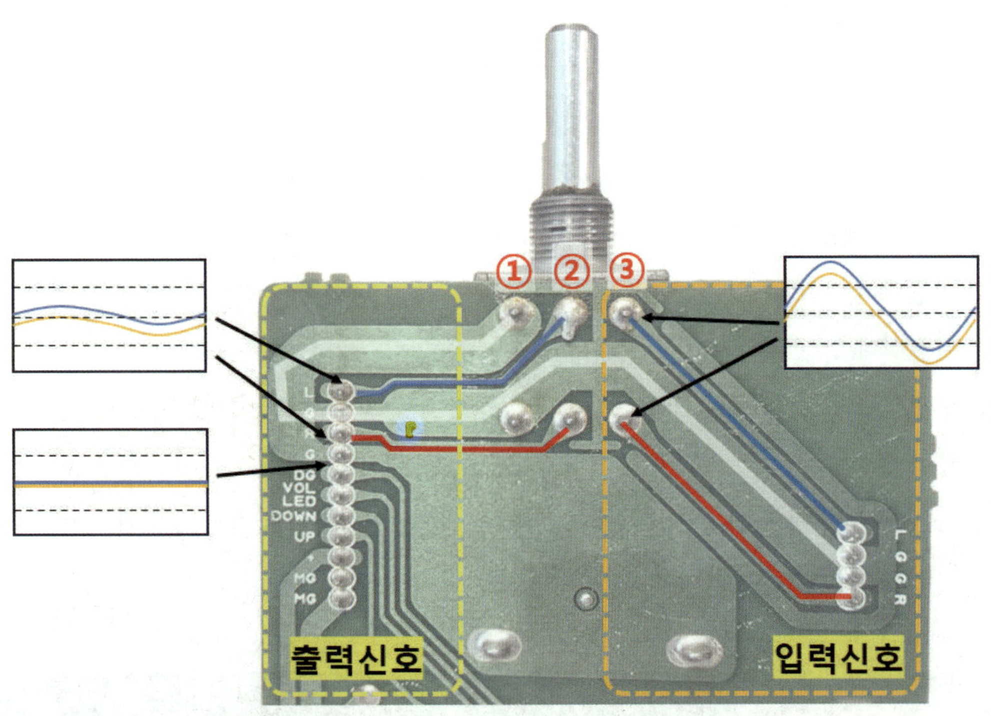

그림 3-41 포텐쇼미터 PCB상에서 입출력 신호별 점검부와 예상 파형

먼저 3번핀의 L, R 채널을 측정하면 입력단자로 들어오는 원본 신호와 동일한 크기의 신호가 측정되어야 한다. 채널 간 불균형도 없어야 하고 파형도 찌그러짐 없이 깨끗해야 한다. 만일 3번핀에서 파형이 제대로 안 잡힌다면 셀렉터단에서 문제가 발생한다고 판단할 수 있다.

2번핀은 그라운드 접지 부분이므로 0V 근처로 측정된다. 볼륨의 포텐쇼미터는 입력신호의 감쇠회로이다. 1번핀의 L, R 채널의 신호는 볼륨이 0일 때는 0V로 보이다가 볼륨을 올리면 점차 파형이 커지는 양상이 보여야 한다. 볼륨을 최대로 올렸을 때의 크기가 3번핀의 입력신호와 같은 크기가 되어야 한다.

적당한 볼륨에서 L, R 채널 간 불균형이 보이지 않거나 볼륨의 작동으로 파형이 왜곡되거나 사라지지 않아야 하는데 만일 볼륨의 포텐쇼미터가 접점 불량이라면 좌우 채널의 파형크기가 다르게 나타난다거나 볼륨의 특정 위치에서 파형의 왜곡이 나타날 수 있다. 이럴 때에는 포텐쇼미터의 접점에 문제가 있는 것이다.

오실로스코프의 파형으로도 확인되고, 볼륨을 조정하는 중간에 노이즈가 난다거나 채널 간 불균형이 발생하는 것이 확인되면 볼륨이 접점 불량인 경우이다. 볼륨은 PCB에서 탈거하여 완전히 분해해 청소를 할 수도 있지만 개방형인 경우 분해하지 않고도 접점부활제로 해결이 가능하다. 어려운 분해를 먼저 시도하기보다 PCB 상태에서 접점부활제로 청소하는 방법이 우선이다.

그림 3-42처럼 볼륨의 접점부의 구멍에 접점부활제를 도포하고 포텐쇼미터의 샤프트를 좌우로 빠른 속도로 돌리면서 전체 접점부에 접점부활제가 도포되어 세척되도록 한다. 수십여 번 이상 회전하여 충분히 세척하고 노이즈 여부를 다시 확인한다. 경우에 따라 완전히 개선될 때까지 몇 번 반복한다.

그림 3-42 볼륨용 포텐쇼미터의 내부 노출부에 접점부활제를 도포한다.

2-3회 이상 반복했는데도 노이즈가 완전히 개선되지 않았다고 판단하면 포텐쇼미터를 분해하여 세척하는 방법도 있다. 잘못하면 분해 후 재조립 과정에서 더 안 좋은 상황이 발생할 수도 있으므로 포텐쇼미터의 분해조립은 미리 폐기된 포텐쇼미터로 연습을 해 보는 것이 좋다.

이제 포텐쇼미터를 분해해 보자. 카본 트랙을 고정하고 있는 프랜지(Flange)를 젖혀서 결합상태를 해제하고 포텐쇼미터를 분리한다.

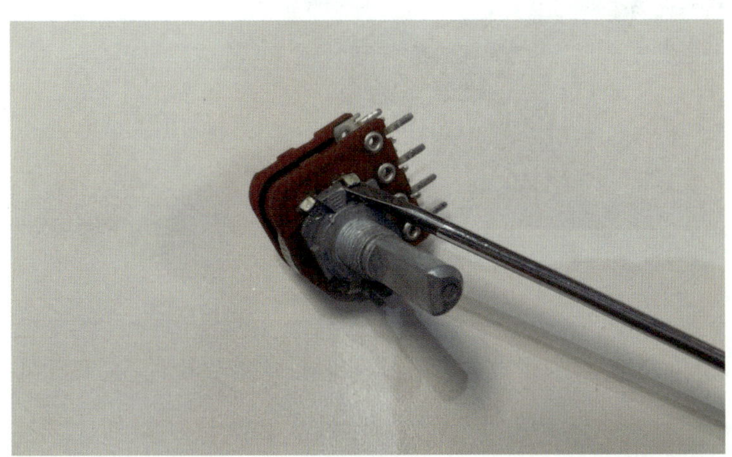

그림 3-43 포텐쇼미터의 프랜지 고정을 해제

카본 트랙에 접촉하는 금속 접점부의 탄성력 회복을 위해 눌린 상태에서 살짝 들어 올려 준다.

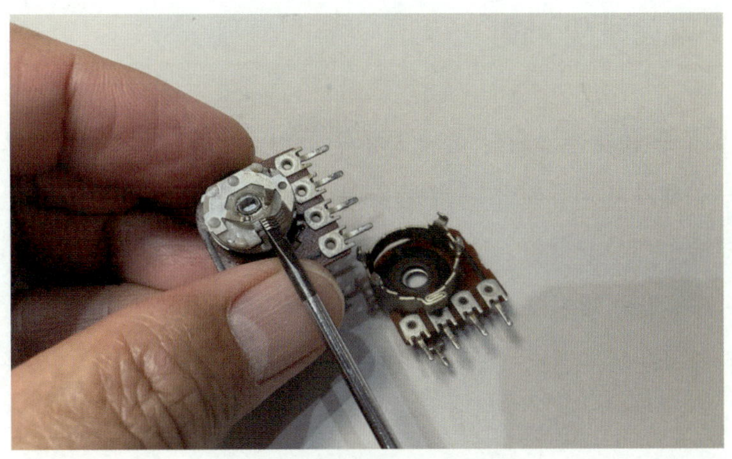

그림 3-44 접점부의 탄성력 복원

탄소피막 트랙 부분은 면봉에 접점부활제를 묻혀서 피막부분 전체를 세척해 준다.

그림 3-45 탄소피막 트랙부의 세척

위와 같은 과정은 포텐쇼미터가 결합된 상태에서 접점부활제를 도포하여 세척하는 것보다는 더 확실한 세척 효과가 있다. 모터 구동에 의한 전동 포텐쇼미터는 분해 과정이 더 복잡하고 상황에 따라 근본적으로 분해가 불가능한 상태가 있을 수도 있으니 포텐쇼미터의 분해 가능 여부를 먼저 파악하는 것이 좋겠다. 무턱대고 분해하는 것은 더 안 좋은 결과를 초래할 수 있으니 최대한 결합상태에서 세척하는 것을 추천한다.

■ 프리앰프부의 분해 및 세척

인티앰프는 대부분 볼륨을 포함한 톤 콘트롤부 프리앰프부가 앰프의 프런트 패널 뒷면에 장착되어 있다. 분해가 번거롭지만 이 부분을 분해해야 톤 콘트롤부의 불량을 확인할 수 있고 조정할 수 있다.

먼저 그림 3-46과 같이 전면의 볼륨 노브(KNOB)를 모두 제거하고 패널과 고정시키기 위한 너트를 모두 제거하여 프런트 패널과 분리한다.

내 손으로 고치는 빈티지 오디오

그림 3-46 앰프 전면부의 노브와 결합 너트를 제거한 상태

그림 3-47은 프론트 플라스틱 패널을 제거하여 드러난 PCB이다. 프리앰프부의 대부분이 이곳에 배치되어 있다.

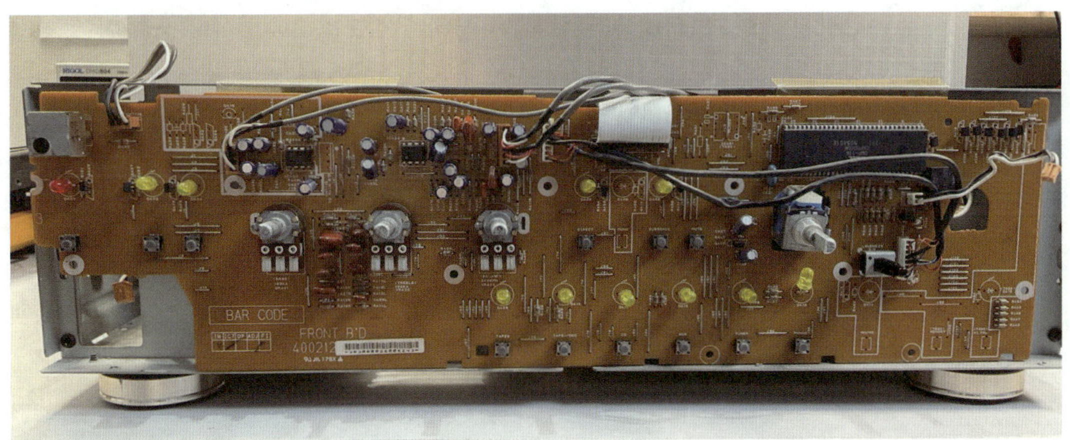

그림 3-47 프런트 커버에서 분리된 PCB 상태

BASS, TREBLE은 포텐쇼미터가 오염이 되어 있어도 큰 잡음이 발생하지 않는 부분이지만 프리앰프 보드를 분해한 김에 세척을 해 주는 것이 좋다. 톤 콘트롤에서 잡음과 좌우채널의 불균형을 유발하는 주요한 부품은 바로 BALANCE 볼륨이다.

그림 3-48 프리앰프 톤 콘트롤 포텐쇼미터의 세척

좌우 채널의 불균형이 볼륨에서 발생하는지 밸런스에서 발생하는지는 앰프의 다이렉트 스위치가 있다면 확인이 가능하다. 다이렉트 스위치를 ON 하면 신호가 톤 콘트롤(BASS, TREBLE, BALANCE)을 거치지 않고 통과한다. 이 상태에서도 좌우채널에 불균형이 생기면 볼륨의 단독 문제이고 다이렉트 스위치를 끄고 톤 콘트롤이 활성화된 상태에서도 좌우채널의 불균형이 발생한다면 톤 콘트롤의 밸런스의 접점 불량이라고 판단한다.

프리앰프의 포텐쇼미터외에 그림 3-49와 같은 다이렉트 스위치와 신호 선택 스위치류도 접점부에 불량이 발생하면 노이즈가 발생할 수 있다. 이런 푸쉬 풀 타입의 기계적 스위치도 좌우채널의 접점을 가지고 있어서 일부 접점에 문제가 있을 경우 채널 간 불균형이 발생하기도 한다. 이 스위치류도 함께 세척을 하는 것이 좋다.

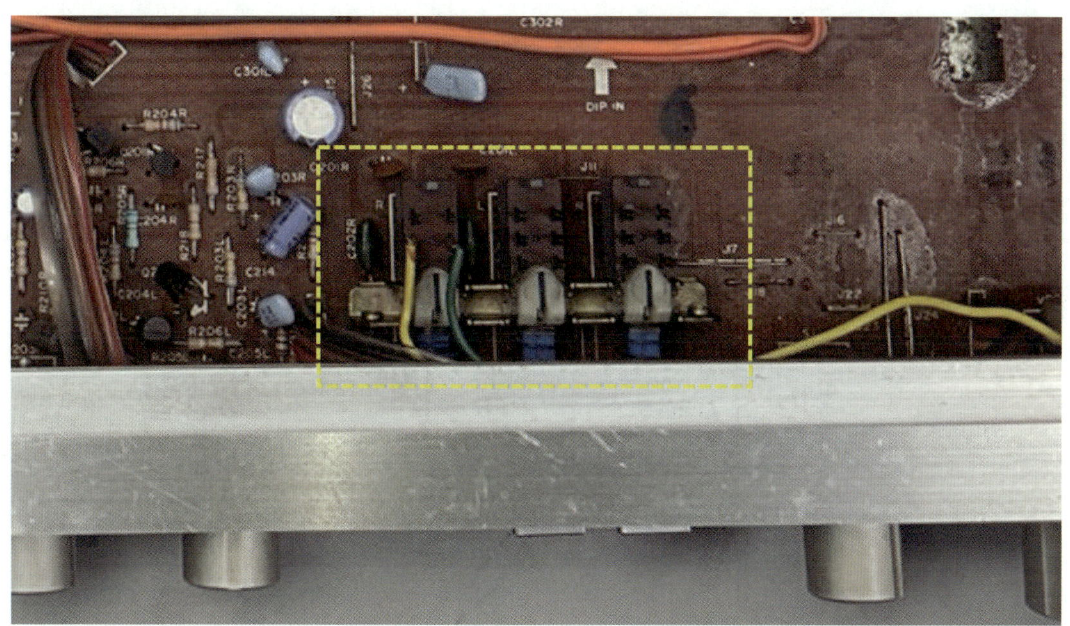

그림 3-49 프리 앰프부의 스위치류(다이렉트, 라우드니스, 뮤트 등)

■ 커플링 커패시터의 교체

커플링이란 커패시터의 용도 중 신호의 흐름선상에 직렬로 배치하여 교류(신호)는 통과시키고 직류성분은 차단하는 역할을 하는 것이다. 대부분의 커패시터는 회로상 전원의 완충 역할을 하는 곳에 사용되어 심각한 불량이 아니라면 신호품질(음질)에는 직접적인 영향을 주지는 않는다. 그러나 커플링 용도로 사용하는 커패시터는 회로의 구성 단계에서 신호를 연결하는 기능을 한다. 모든 주파수대역의 신호에서 가능한 한 왜곡 없이 전달해야 하는 것이 좋은 커플링 커패시터의 역할이다. 그래서 오디오 특성이 좋은 고품질의 커패시터로 교체를 하면 음질과 음색에 변화나 개선을 얻을 수 있다.

만일 기존의 커플링 커패시터를 오디오급의 고급 커패시터로 교체하겠다고 하면 커플링 커패시터가 주로 적용되고 있는 프리앰프부에서 교체할 커플링 커패시터를 찾아내야 한다.

먼저 그림 3-50의 실제 앰프의 회로도를 보면서 커플링 커패시터가 어떤 위치에서 사용되고 있는지 확인해 보자. 이 회로는 프리앰프 내에서 OP AMP를 통한 신호증폭과정을 보여주고 있다.

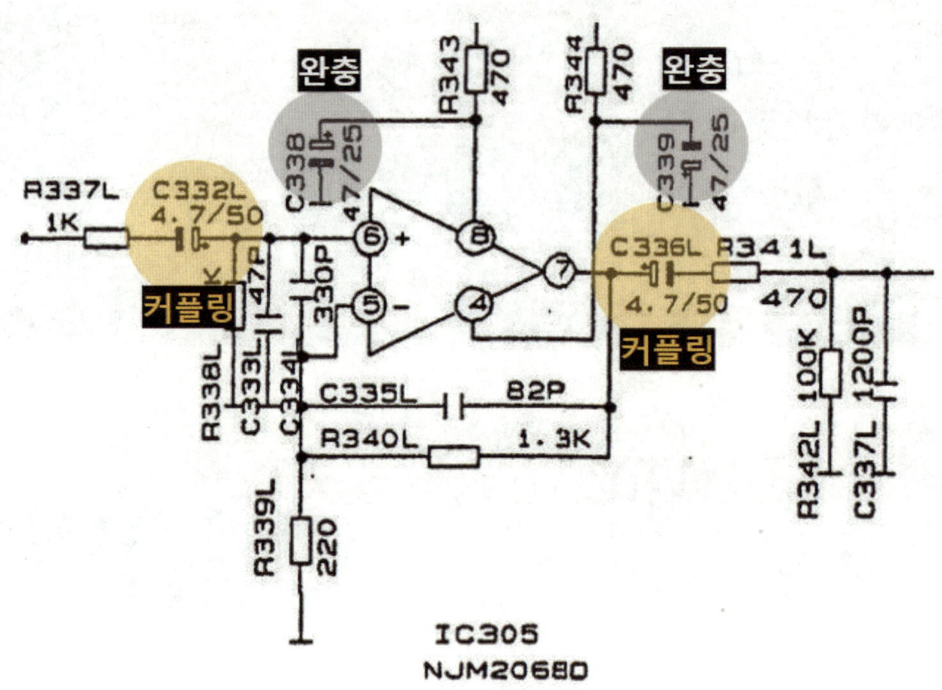

그림 3-50 프리앰프 증폭단 중에 적용된 커플링 커패시터

완충용 커패시터는 C338, C339처럼 회로상에 전원을 안정적으로 공급해 주기 위해 사용되며 주로 47µF에서 220µF 정도의 용량을 사용하고 커패시터의 음극은 회로의 그라운드에 연결되어 있다.

반면 커플링 커패시터는 C332, C336처럼 신호라인에 직렬로 연결되어 있고 주로 1µF에서 10µF 이내의 작은 용량의 커패시터가 사용된다. 그리고 신호라인에 각각 사용되므로 대부분 L, R 채널의 회로에 각각 적용되는 것이 일반적이고 이 때문에 회로도상에 기호가 C332L처럼 L채널 신호용 부품이라는 표시해 주는 것이 일반적이다.

커플링 용도로 사용할 수 있는 커패시터는 그림 3-51과 같은 필름 커패시터와 전해 커패시터 정도가 있다. 커플링 커패시터로 사용하기 위해서는 소자 특성 중에 저항성분(ESR)과 유전소실률이 적은 제품들이 신호의 왜곡이 적다고 알려져 있다. 일반적으로 이러한 특성이 필름 커패시터가 유리하지만 가격이 고가이고 일반적으로 같은 용량이면 전해 커패시터보다 부피가 커서 공간상의 이유로 교체가 어려울 수도 있으므로 사전에 크기를 알아보는 것이 좋다. 전해 커패시터도 오디오급이라고 불리는 ESR이 작고 품질이 좋은 커패시터가 있으므로 공장 출하시 장착된 보급형 커패시터를 오디오급 전해 커패시터로 교체하는 것도 효과적이다.

그림 3-51 필름 커패시터와 오디오급 전해 커패시터

그림 3-52는 프리앰프의 톤 콘트롤부이다. BASS, TREBLE, BALANCE가 배치된 곳으로 단계별 증폭부, 버퍼부에 OP AMP가 배치되어 있고 OP AMP의 입력단, 출력단에 L, R 채널별로 커플링 4.7μF 커패시터를 배치하고 있다.

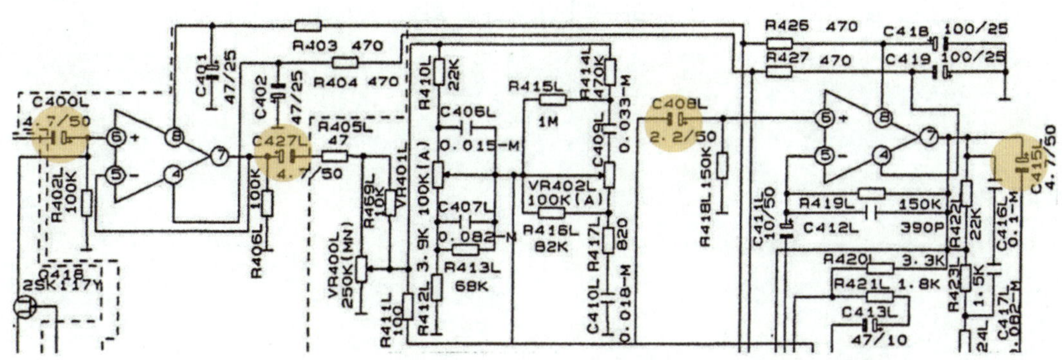

그림 3-52 회로도상 프리앰프단에 걸쳐 사용되고 있는 커플링 커패시터들

그림 3-53은 실제 PCB상의 부품배치이다. 화살표 표시된 부분이 OP AMP 주변의 입출력 커플링 커패시터다. 이 커패시터들을 오디오급의 전해 커패시터로 교체하면 된다.

그림 3-53 실제 PCB에 실장된 커패시터중 커플링 커패시터들(화살표)

4) 파워앰프부의 점검

프리앰프로부터 나온 신호는 파워앰프를 통해 신호가 증폭되고 스피커를 구동하게 된다. 여기서는 트랜지스터를 사용하는 클래스 AB 앰프만을 다룬다. 파워 앰프는 그림 3-54와 같이 기본적으로 3단 증폭 방식을 사용하는데 단순화한 회로는 아래 그림과 같다.

내 손으로 고치는 빈티지 오디오

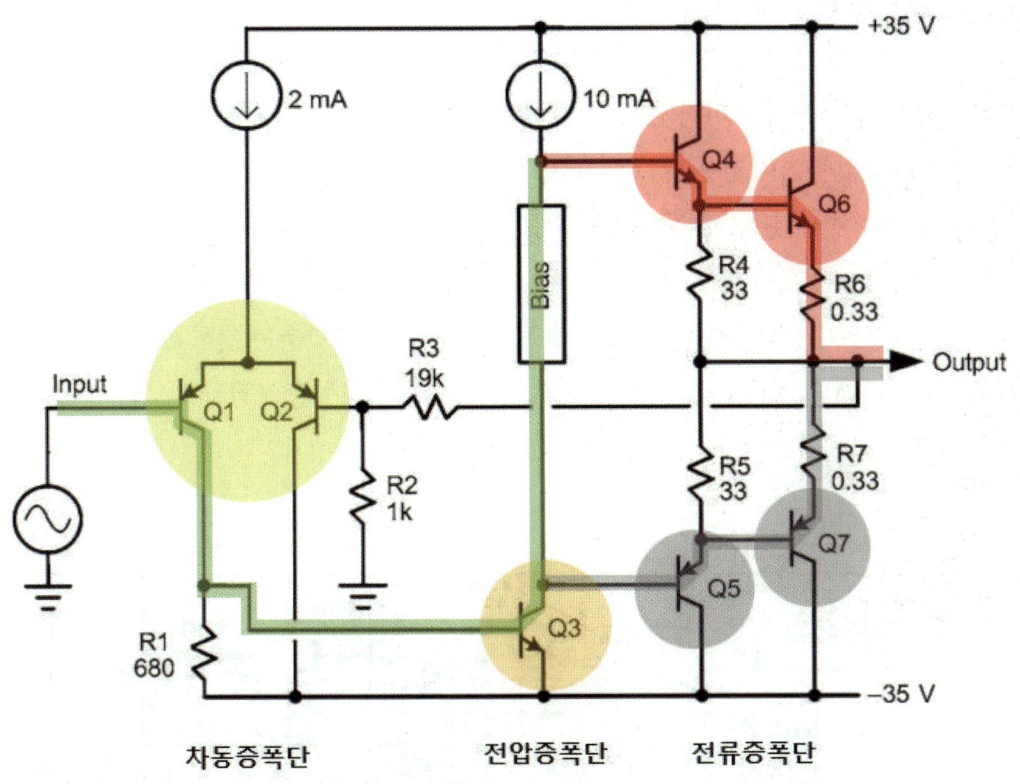

그림 3-54 앰프의 증폭단 개요

파워앰프로 입력되는 신호는 Q1, Q2로 구성된 차동증폭회로를 거쳐서 증폭 전 신호의 노이즈를 제거하고 Q3에서 전압증폭을 한다. 이후는 실제로 스피커를 구동하기 위한 전류를 증폭하는 단계이다. NPN 트랜지스터로 구성된 Q4, Q6에서는 신호의 플러스 전압 부분을 증폭하고, PNP 트랜지스터로 구성된 Q5, Q7에서 신호의 마이너스 전압 부분을 증폭하는 푸쉬 풀(push pull) 구조로 되어 있다.

파워앰프는 프리앰프처럼 기계적 부품들의 노화나 오염에 의한 잡음 발생 같은 고장현상은 없다. 과도한 전류에 의해 증폭단의 트랜지스터들을 파손시키는 경우가 있지만 흔치 않은 경우라 몇가지의 설정 작업만 숙지하면 파워앰프에서는 크게 손볼 일은 없다.

■ DC OFFSET의 조정

　DC OFFSET은 앰프의 스피커 출력단에 존재해서는 안 되는 직류 성분을 의미하며, 출력이 0V에 가깝도록 맞추는 과정을 DC OFFSET 조정이라고 한다. 일반적으로 이 조정 회로는 차동증폭단 주변에 배치된다. 차동증폭단에서는 노이즈를 제거하면서 신호를 증폭하지만, 증폭 단계에서 사용된 트랜지스터와 주변 부품의 특성 차이로 인해 출력의 기준 전압이 0V에서 벗어나는 경우가 발생한다. 이러한 직류 편차를 0V 근처로 맞추는 것이 DC OFFSET 조정의 목적이다. 아래의 그림 3-55는 실제로 DC OFFSET 조정 기능을 포함한 회로의 예이다.

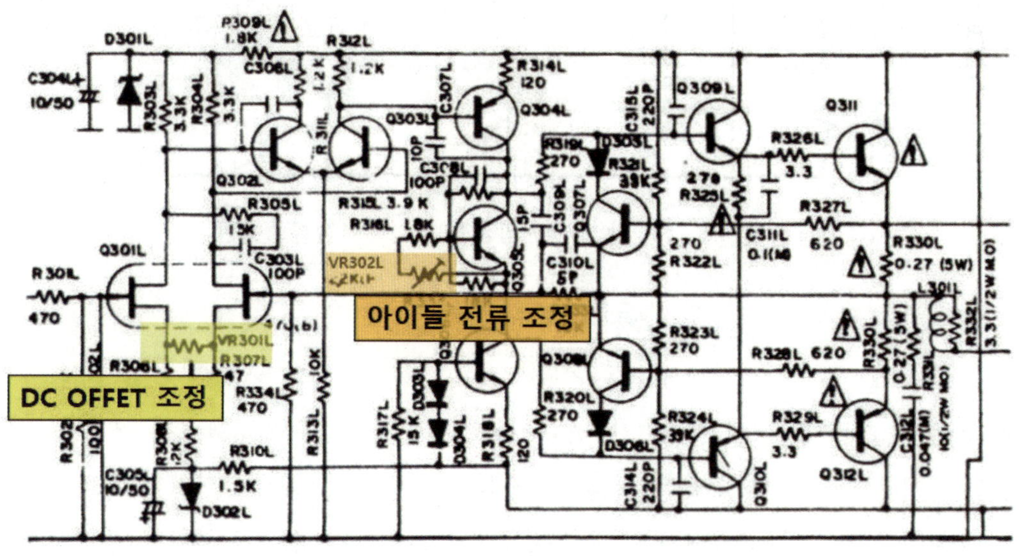

그림 3-55 DC OFFSET 조정 트리머(VR301L, VR301R)와 아이들 전류 조정 트리머(VR302L, VR302R)

　좌측의 차동증폭단에서 VR301L 로 L채널의 DC OFFSET 전압을 조정하도록 되어 있다. 이 회로도의 실제 앰프는 그림 3-56이다.

그림 3-56 DC OFFSET 조정 트리머인 VR301L, VR301R의 PCB상 위치

L, R 좌우 채널에 대칭으로 구성된 PCB에서 VR301L, VR301R이 각각 DC OFFSET을 조정하는 트리머 저항이다. 그러면 실제로 DC OFFSET을 측정하고 조정하는 법을 살펴보자.

DC OFFSET을 측정 전에 앰프는 전원을 넣고 약 10분 정도 예열을 한다. 입력단자에는 아무런 입력기기를 연결을 하지 않고, 볼륨은 0으로 한다. 어떤 신호도 출력되지 않는 상태로 한다.

멀티미터를 DC 측정모드(mV 단위가 적정)로 한 후 그림 3-57과 같이 스피커 단자의 마이너스 단자에 측정봉의 마이너스 봉을 연결하고 스피커 플러스 단자에는 측정봉의 플러스 단자를 연결한다.

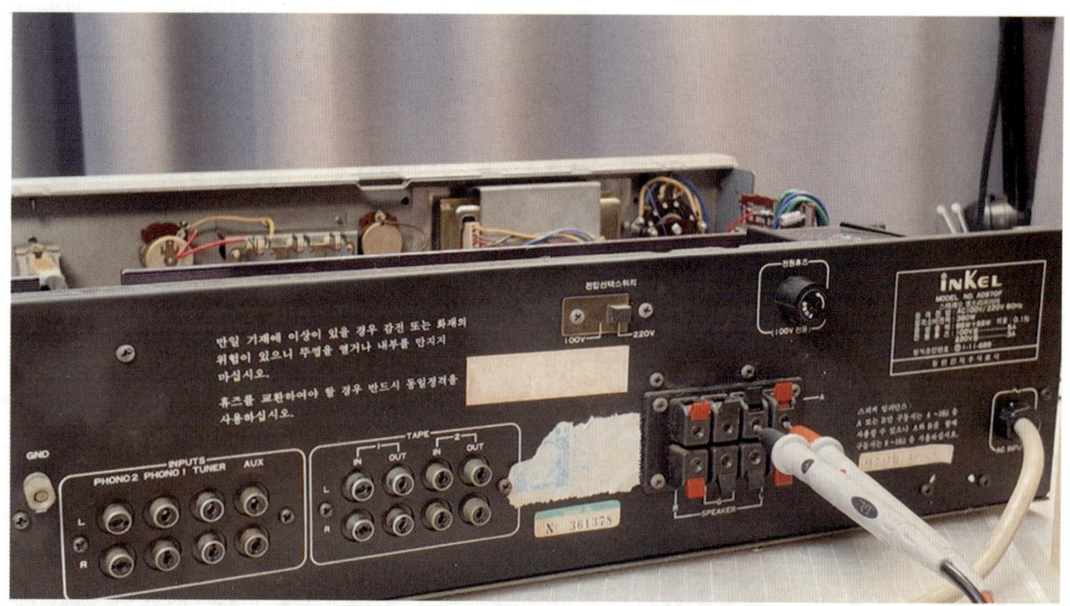

그림 3-57 스피커 출력 단자에 멀티미터 측정봉을 연결

그림 3-58과 같이 스피커 단자로 나오는 DC 전압을 측정한다. DC OFFSET 값은 10mV 이하면 아주 훌륭하고 20-30mV 정도는 허용하는 수준이다. 이 이상의 전압이 나온다면 트리머를 조정하여 가능한 0V에 근접하도록 최소값으로 조정한다.

좌우 채널을 별도로 각각 실시하고 0V에 근접한 DC OFFSET을 설정한다. DC OFFSET 설정 기능이 있는 앰프는 70-80년대 초반 앰프이고 80년대 중후반 앰프에는 아마 별도의 조정 기능이 없을 수 있다. DC OFFSET의 조정 트리머가 없는 앰프는 회로 내부에 자동으로 0V를 조정하는 기능이 있는 회로이다. 하지만 보정회로가 제대로 작동하는지 확인 차 스피커 단자에서 DC 전압이 나오는지 확인해 보는 것이 좋다.

DC OFFSET 이 100mV(0.1V) 이상 크게 나온다면 파워앰프단의 증폭회로의 밸런스가 문제된 상황이다. 스피커에 상시 DC 전압이 인가되는 상태라면 스피커의 코일에 부담이 된다. 만일 수 V까지 DC 전압이 나온다면 스피커의 코일이 발열되고 심각한 손상이 발생될 수 있다.

내 손으로 고치는 빈티지 오디오

그림 3-58 DC OFFSET 전압을 측정하는 중 약 2.8mV로 매우 양호하다.

■ 아이들 전류의 조정

아이들 전류란 입력신호의 플러스 전압부와 마이너스 전압부를 NPN과 PNP 트랜지스터로 나누어 증폭하는 푸쉬 풀(Push pull) 구조에서 발생할 수 있는 크로스오버 왜곡을 없애기 위한 작업이다. 그림 3-59에 푸쉬 풀 구조에서 크로스오버 왜곡이 발생하는 이유를 보여 주고 있다. 트랜지스터는 베이스와 이미터 간 전압차가 0.7 이상이 되어야 작동이 되는데 NPN에서는 0V ~ +0.7V, PNP에서는 -0.7V ~ 0V까지가 작동을 안 하는 데드존이 발생하고 이 영역에서는 입력신호대비 왜곡이 발생하는 현상이 나타난다. 이것을 크로스오버 왜곡이라고 한다.

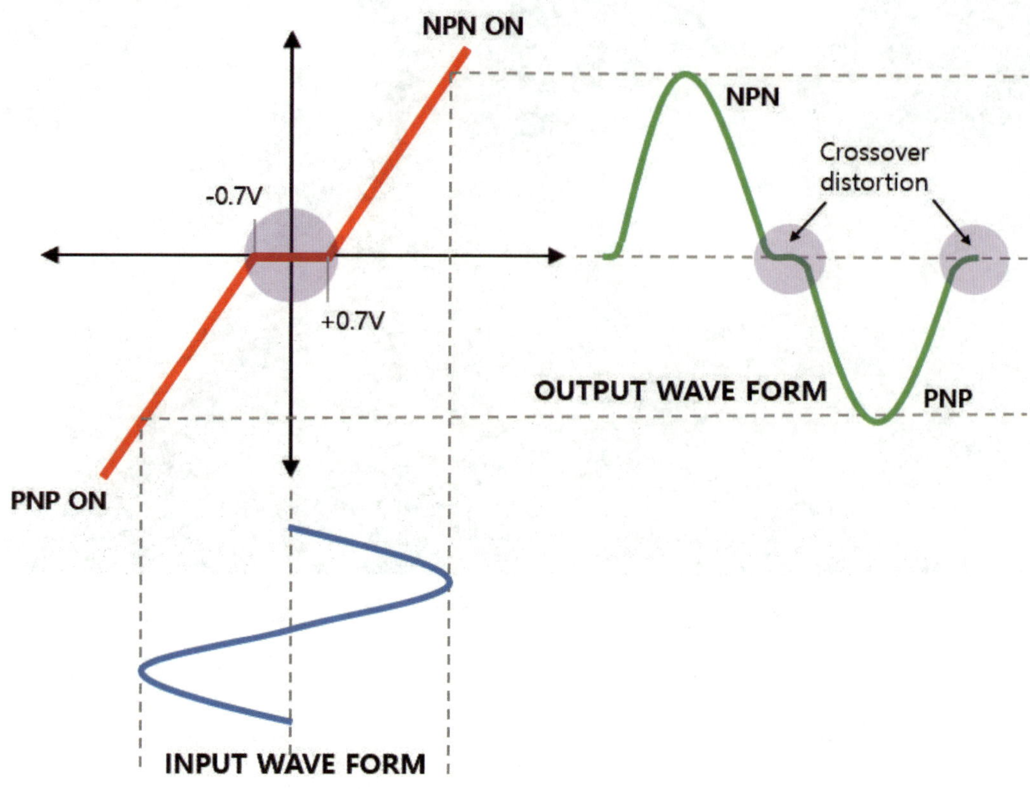

그림 3-59 푸쉬 풀 증폭구조에서 크로스오버 왜곡

크로스오버 왜곡을 없애려면 NPN, PNP 두 트랜지스터에 약한 전류를 흘려보내서 가동되는 상태로 만들어야 하는데 이것을 바이어스 조정(Bias adjustment)이라고 한다. 바이어스 조정은 출력 트랜지스터를 가동 상태로 만들기 위해 NPN-PNP 트랜지스터의 베이스 간 전압을 활성 전압 이상으로 조정하는 것을 말하며 이때 트랜지스터의 콜렉터-이미터로 흐르는 전류를 아이들 전류(IDLE CURRENT)라고 한다.

아이들 전류값은 서비스 매뉴얼에서 특정하지 않는 한 대략 10mA에서 20mA 정도 사이로 설정하면 된다. 아이들 전류가 적정한지 직접 전류를 측정하는 것은 쉽지 않기 때문에 트랜지스터의 이미터 간에 1옴 이하의 낮은 값의 저항을 연결하고 이 저항에서 전압을 측정하여 이미터 간 전류값을 계산하는 방식을 사용한다. 아이들 전류를 10mA로 조정하는 것을 목표로 실제로 조정하는 절차를 알아보자.

출력용 NPN-PNP 트랜지스터 이미터 간에는 와트급의 시멘트 저항이 이미터 저항으로 설치되어 있다. 이 시멘트 저항의 전압을 측정하여 이미터 간 전류를 계산하게 되는데 일단 회로도를 보고 전압값을 계산해 보자.

그림 3-60의 회로도를 보면 NPN Q311 이미터와 PNP Q312 이미터 간에 R330 0.27Ω 두 개가 연결되어 있다.

두 개의 저항을 직렬로 더하면 0.54Ω이고 이 저항을 통해 10mA가 흐르려면 옴의 법칙에 따라 아래와 같이 계산할 수 있다.

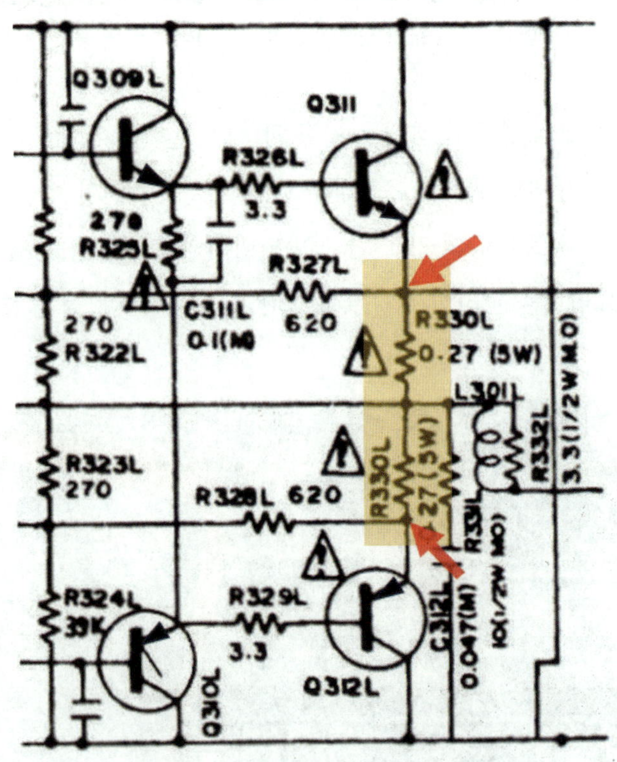

그림 3-60 이미터 저항의 전압 측정 포인트

V=IR이므로 10mA × 0.54Ω 이어서 목표 전압은 5.4mV가 된다. 즉 R330의 양단의 전압이 5.4mV 정도가 되도록 바이어스 트리머를 조정하면 된다. 그림 3-61은 회로도상의 실제 PCB이다.

그림 3-61 두 개의 저항이 연결된 이미터 저항의 구조

PCB에는 0.27Ω 두 개가 결합된 시멘트 저항 한 개가 설치되어 있다. 저항의 구성은 사진처럼 어떻게 연결되는지 멀티테스터로 점검해 보면 구조를 확인할 수 있다.

그림 3-62와 같이 시멘트 저항의 양 끝단에 멀티미터의 측정봉을 연결하고 전압을 측정한다. 바이어스 조정 트리머를 돌리면서 약 5.4mV가 측정되도록 조정을 한다.

그림 3-62 이미터 저항 간 전압을 측정하면서 트리머를 조정하는 중

내 손으로 고치는 빈티지 오디오

튜너의 검파코일처럼 0V 조정에 가까울수록 검파능력이 보장되는 것과는 달리 적절한 아이들 전류가 흘러서 과열되지 않은 상태라면 증폭부 트랜지스터가 ON 상태로 활성화되는 것이 중요하므로 10-20mA가 되도록 적당한 전압으로 조정하는 것이 중요하다. 오히려 설계에 따라 너무 낮은 값으로 설정해서 활성화가 안 되는 것보다는 20mA에 가깝게 조금 넉넉하게 조정하는 것도 나쁘지 않다. 과도하지만 않다면 허용수준 내의 아이들 전류 범위에서 조금 넉넉하게 설정하는 것이 낮게 설정하는 것보다는 유리하다.

그림 3-63의 한 가지 더 사례를 보자. 회로도상으로 마찬가지로 R316L, R317L 0.27Ω 저항이 두 개가 출력 트랜지스터 간에 연결되어 있다. 바이어스 전압 조정용 트리머는 VR301L이다.

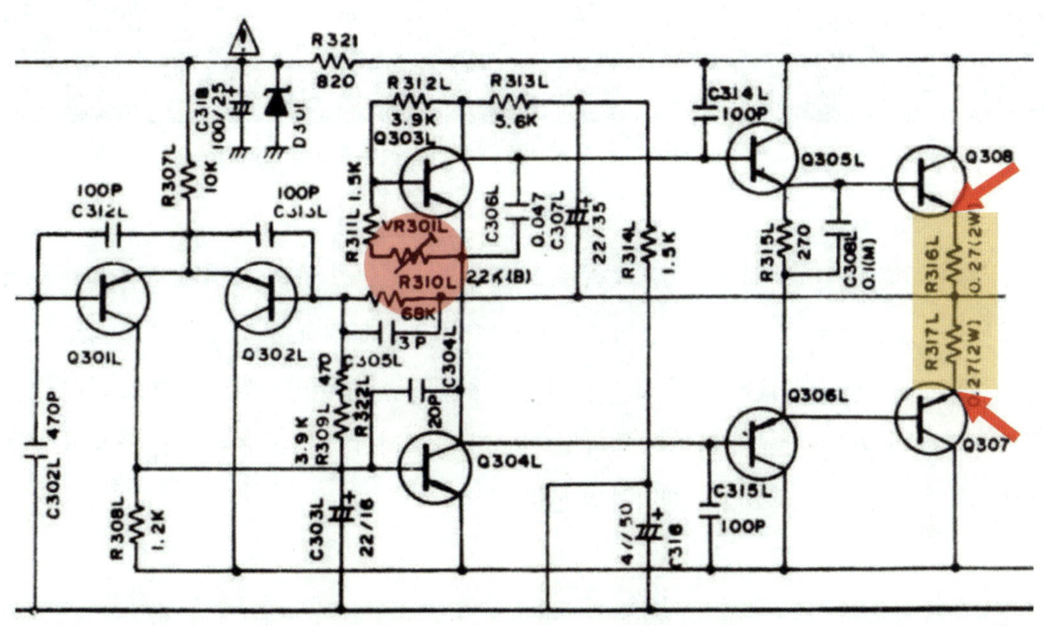

그림 3-63 아이들 전류 조정 트리머와 이미터 저항

그림 3-64는 이 앰프의 실물 사진이다. 0.27Ω의 저항 두 개가 직렬 연결된 형태로 화살표 포인트 두 군데에 멀티미터의 측정봉을 연결하고 아이들 전류 10mA 목표로는 5.4mV가 되도록 트리머를 조정한다. 만일 20mA를 목표로 한다면 10.8mV가 되도록 트리머를 조정하면 된다.

그림 3-64 이미터 저항 측정 포인트와 아이들 전류 조정용 트리머

지금까지 DC OFFSET 조정과 IDLE 전류조정 기능이 있는 앰프의 조정 방법을 알아보았다. 그러나 이 조정은 90년대 중후반 앰프부터는 수동으로 조정하는 것이 아니라 회로 내에서 자동으로 조정되는 기능을 포함하고 있어서 파워앰프단 내에 별도의 조정용 트리머가 없을 수 있다. 파워앰프단에 트리머가 없다면 사용자의 조정작업 없이 기본적인 조정이 자동으로 이루어지고 있을 것이라고 생각하면 된다.

■ 스피커 릴레이 점검

파워앰프단에 프리앰프와 같이 접점에 대한 점검을 해야 하는 부분은 유일하게 스피커 릴레이이다. 스피커 릴레이는 전원 인가 후 스피커로 전달되는 팝업 노이즈를 차단하기 위해서 수초 후에 스피커로 신호를 지연 연결하게 하는 용도로도 사용된다. 또한 DC OFFSET이 과도하게 발생할 때 스피커 보호를 위해 릴레이를 통해 스피커로의 연결을 차단하는 용도로도 사용된다.

스피커 릴레이는 노후화가 되면 접점 불량이 발생할 수 있다. 잡음과 채널 불균형이 발생될 때 프리앰프를 모두 점검해도 문제가 확인되지 않는다면 스피커 릴레이의 접점 불량을 의심해 볼 필요가 있다.

스피커 릴레이가 문제인지 확인하는 방법은 스피커 A, B 두 조가 운용 가능한 앰프인 경우 스피커 B조로 연결했을 때도 잡음발생이 되는지 여부를 확인해 보면 대부분 릴레이 불량 여부를 쉽게 판단할 수 있다.

스피커 릴레이를 교체하기 전 릴레이가 세척 가능한 오픈형이라면 교체하기 전 임시적으로 접점 불량을 해결해 볼 수 있다. 보통 개방형 릴레이라면 이 단계만으로도 상당 기간 접점 불량 없이 사용할 수 있다.

그림 3-65에서 빳빳한 종이에 접점부활제를 묻히고 릴레이 점점부를 닦아 내는 것을 보여주고 있다. 릴레이 접점부 세척만으로도 상당부분 접점부 성능이 개선이 되지만 심한 오염이나 아크에 의한 산화물이 생긴 경우는 이 정도 세척으로도 접점부가 살아나지 않는 경우가 있다. 이런 때에는 릴레이를 교체하는 방법밖에 없다.

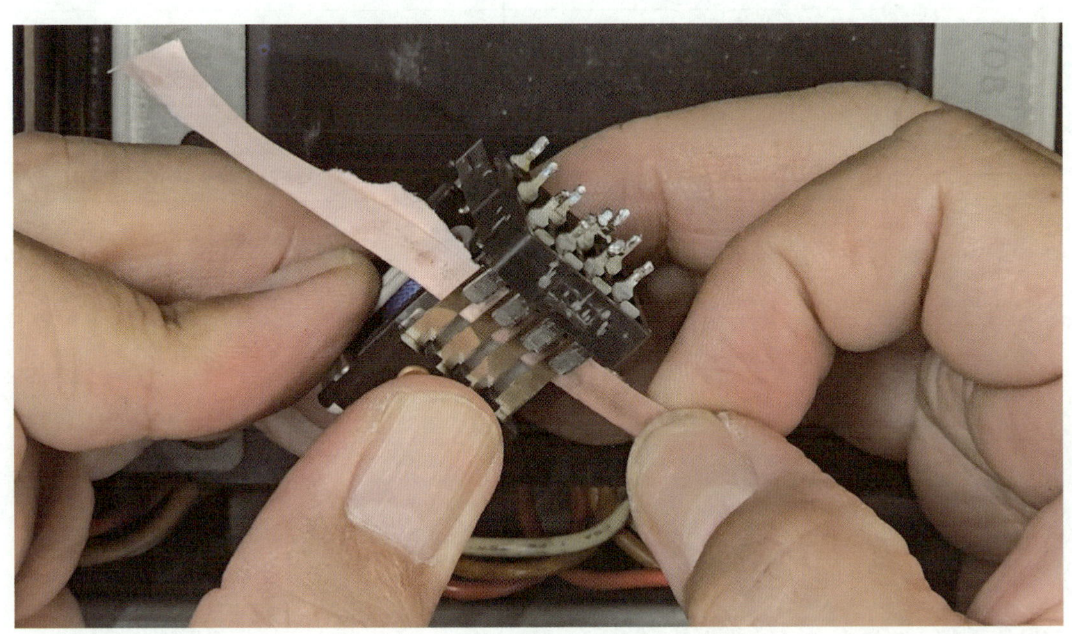

그림 3-65 스피커 릴레이 접점부의 세척 방법

　스피커 릴레이의 세척이 불가능하고 교체해야 한다면 릴레이 규격을 알아야 대체품을 찾을 수 있다. 스피커 릴레이는 보통 내부에 두 개의 접점(L, R)을 갖고 있는 DPST(2 FORM A) 타입이다. 코일 전압이 12V인 것과 24V인 것으로 나눌 수 있고, 미니어처 사이즈인지 표준 사이즈인지 크기로도 나눠진다.

　릴레이는 다른 전자부품과는 달리 공통적인 부품번호를 공유하고 있지 않아서 제조 브랜드별로 제품 번호를 확인하고 릴레이의 기본 스펙을 확인해서 대체 가능품인지 직접 확인해야 한다. 국내에서 구입할 수 있는 몇 개의 대표브랜드들의 스피커 릴레이 규격품을 그림 3-66에 정리하였다.

형 식	규 격	제조사	모 델 명
DPST 2 Form A		한국리레이	HR-CR3A23DC12H / 24H
		DEC	DH2TU-12VDC / 24VDC
		OMRON	G2R-2A / 2A4
		TE OEG	없음
DPST 2 Form A (mini)		한국리레이	HR-CR3N23DC12 / 24
		DEC	DS2SU-12VDC/24VDC
		OMRON	없음
		TE OEG	OSA-SS-212DM / OSA-SS-224DM

그림 3-66 오디오 앰프에 자주 사용되는 스피커 릴레이 규격과 제조사

■ 출력파형을 보고 점검하기

프리앰프와 파워앰프부의 점검이 모두 끝났으면 앰프의 출력이 정상적으로 잘 되는지 밸런스는 맞는지를 최종 확인해 본다. 이 테스트에는 1kHz 싸인파를 낼 수 있는 오디오신호발생기가 필요하고 2Ch 이상의 오실로스코프가 필요하다. 그림 3-67은 입력단자 한곳에 오디오신호발생기의 신호를 입력하고 스피커 출력단자에 오실로스코프의 측정봉을 연결한 것이다.

그림 3-67 앰프의 입력부에 1kHz 신호를 입력하고 스피커 출력단에 오실로스코프를 연결한 상태

L, R 두 채널 프리앰프부가 정상적으로 작동하고 파워앰프도 정상적으로 작동한다면 오실로스코프에 그림 3-68과 같은 파형이 출력된다. 노란 그래프가 L채널, 파란 그래프가 R 채널이다. 두 채널의 신호가 완전히 겹쳐서 동일하게 보인다. 출력 신호는 주파수도 입력 주파수와 동일하고, 출력 전압도 채널 간 차이 없이 동일하다.

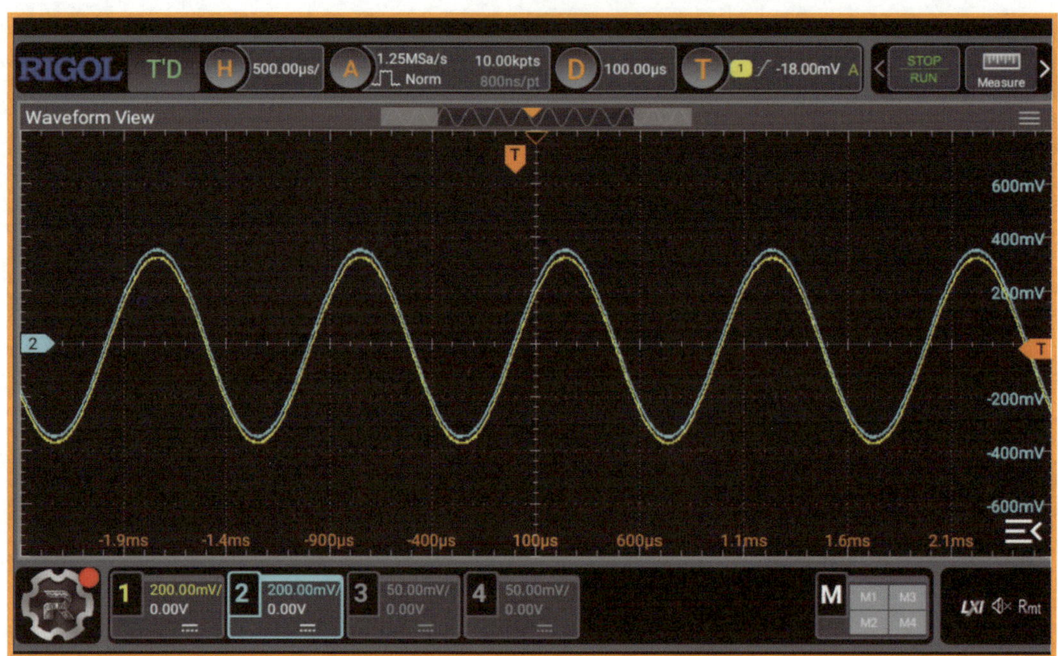

그림 3-68 앰프에서 출력 중인 1kHz 신호. 채널간 불균형도 없고 신호 파형도 왜곡 없이 깨끗하다.

싸인파 곡선 역시 왜곡이나 흔들림 없이 깨끗하게 나오고 있다. 볼륨을 좌우로 돌리면서 그래프가 전 볼륨 영역에서 이렇게 동일하고 깨끗하게 나온다면 앰프 상태는 최상의 상태 이다.

참고로 만일 프리앰프단에서 어떤 이유로 L, R 밸런스가 깨졌거나, 파워앰프단에서 증폭 에 문제가 생겼다면 여러 증상 중에 하나가 그림 3-69처럼 좌우 밸런스가 깨진 파형이 나오 는 것이다.

내 손으로 고치는 빈티지 오디오

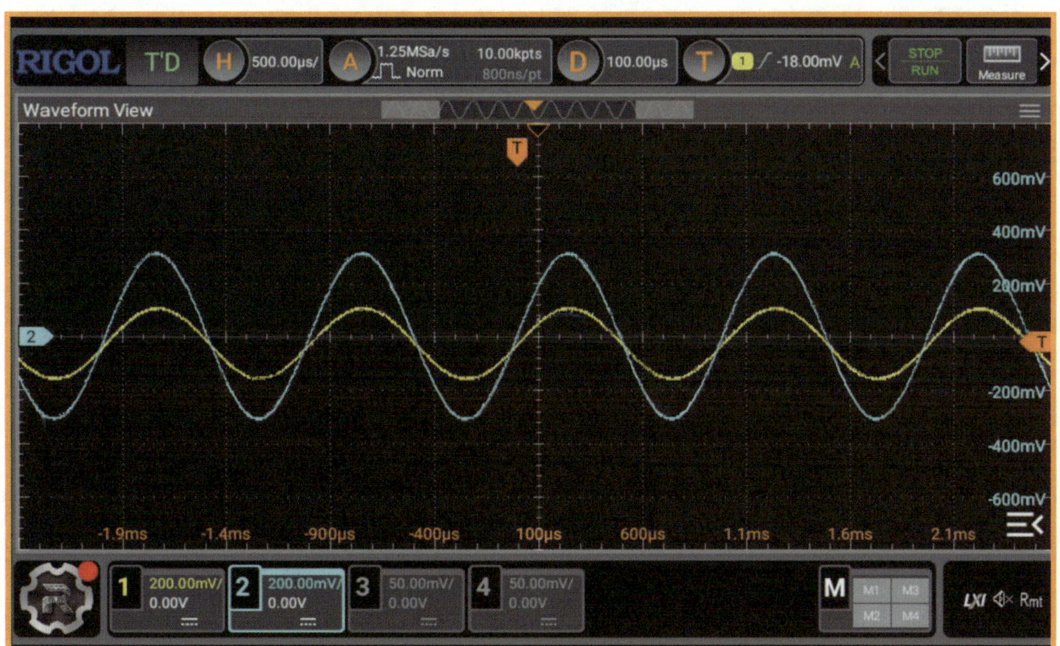

그림 3-69 좌우 채널 간 불균형이 발생한 상태의 예

이 파형에서는 L채널이 작게 출력되고 있다. 좌우 밸런스가 깨진 경우 말고 그림 3-70과 같이 싸인 곡선이 찌그러진 형태로 나올 수도 있다. 이런 식의 파형의 찌그러짐도 왜곡이 발생되는 주요 원인이다.

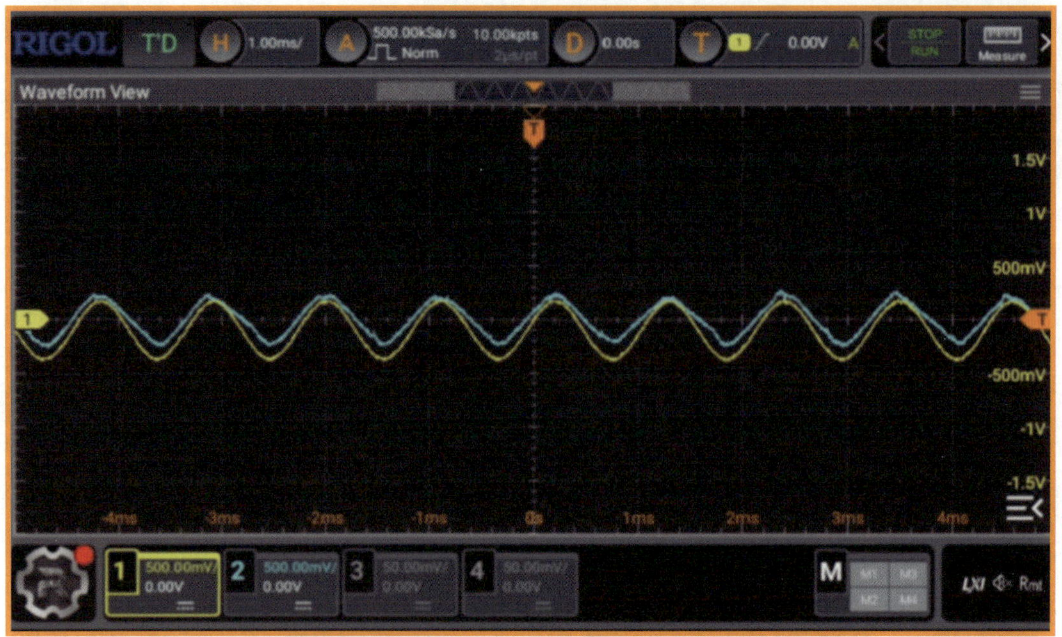

그림 3-70 싸인파가 왜곡되어 삼각파에 가까운 모양으로 왜곡되는 현상.
이 문제는 스피커 릴레이의 불량으로 발생한 것이다.

원인이 프리앰프인지 파워앰프인지는 모른다. 지금까지 설명한 것처럼 앰프의 신호처리 단계를 따라가면서 어느 부분에서 문제가 생기는지를 찾아야 한다. 앞서 말한 것처럼 대부분 프리앰프의 볼륨부와 셀렉트 등 접점부의 문제일 확률이 크니 이 부분부터 세척하고 점검하는 것이 좋겠다.

3 컴팩트 디스크 플레이어(CDP)

1) CD 플레이어의 구조

CDP의 기본 구조를 그림 3-71에 블록 다이어그램으로 보여 주고 있다. 크게는 CDP 메커니즘부와 RF신호와 DSP를 처리하는 메인보드부로 나눌 수 있고, CDP 메커니즘 안에는 CDP 유닛이 별도로 있는데 흔히 픽업모듈이라고 부르는 곳이다.

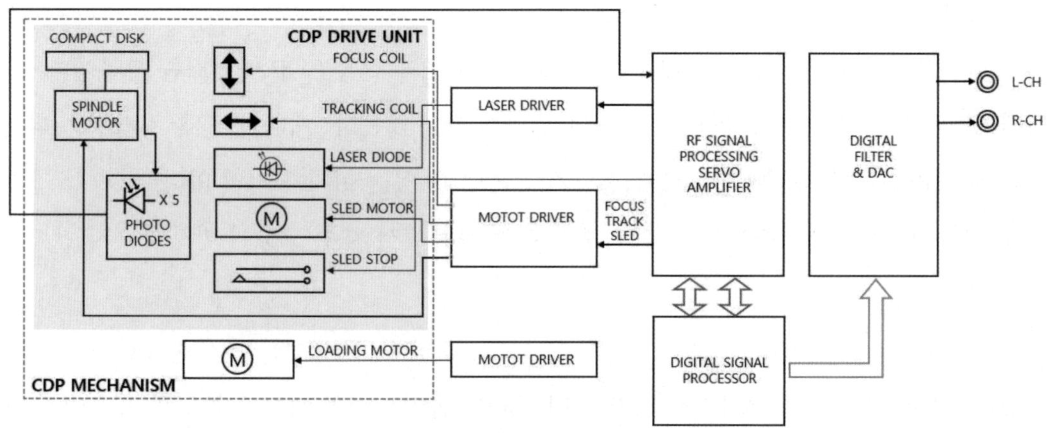

그림 3-71 CD 플레이어의 블록 다이어그램

위 그림은 CDP의 주요 부분만 발췌한 블록 다이어그램이다. CDP에서 음악이 재생되는 흐름을 단순화해서 살펴보자.

① 트레이 OPEN, CD 삽입 후 CLOSE 또는 PLAY

② 슬레드(SLED) 모터가 작동하여 렌즈 픽업이 CD의 가장 안쪽 트랙으로 이동

③ 끝까지 이동하면 리미트 스위치 신호로 슬레드 모터 정지

④ 픽업이 약간 뒤로 이동하며 CD 정보 읽음

⑤ 픽업이 위로 올라가면서 레이저를 쏘기 시작함

⑥ 포커스 코일로 빔을 움직이며 포커싱 작업

⑦ 스핀들(SPINDLE) 모터 회전하기 시작함

⑧ 포커스, 트래킹 서보 작동

⑨ 재생

레이저 다이오드가 CD면에 레이저를 쏘면서 스핀들 모터가 CD를 회전시키면서 포커스와 트래킹 작업을 한다. CD에서 반사되는 레이저 신호를 여러 다발의 포토 다이오드가 수신하여 RF 처리부로 보내어 신호를 합하고 에러를 보정하여 CD에 기록되어 있던 원래의 디지털 신호를 복원해 낸다. 복원된 신호는 DSP, DAC 처리를 통한 후 아날로그 오디오 신호로 최종 변환되어 출력단자로 나오는 구조이다.

오래된 CDP에서 문제가 되는 부분은 거의 그림 3-72와 같은 CDP 메커니즘 부분이다. 그 외에 메인보드에 있는 신호 처리부는 거의 문제가 되지 않는다. 게다가 신호 처리부는 디지털 신호 처리부이기 때문에 별도로 조정하거나 손댈 수 있는 여지가 거의 없다.

여기서는 CDP 메커니즘을 주로 살펴보고 어떤 부분에서 자주 고장이 발생하는지 살펴보도록 하자.

CD 메커니즘에는 보통 3개의 모터가 있다. CD를 올려놓는 트레이를 앞뒤로 움직이게 하는 로딩 모터(LOADING MOTOR)와 CD를 회전시키는 스핀들 모터(SPINDLE MOTOR) 그리고 픽업을 CD 재생트랙을 따라가면 앞뒤로 움직이게 하는 슬레드 모터(SLED MOTOR)이다. 문제를 일으키는 주요부위는 로딩 모터에 연결된 벨트이다. 벨트의 부식과 늘어짐으로 트레이의 로딩이 안 되는 문제가 발생한다. 다음으로 중요한 수리 절차는 레이저 픽업이 CD를 인식 못할 때 픽업을 교체하는 작업이다.

브랜드나 기기마다 메커니즘의 차이가 있기 마련이지만 큰 틀에서는 구조가 동일하다. CDP 메커니즘을 분해하고 재조립하는 것은 조심하기만 하면 초보자도 충분히 시도해 볼 정도로 난이도가 높은 것은 아니다. 그럼 이제부터 CDP의 고장 현상과 점검 방법을 자세히 알아보자.

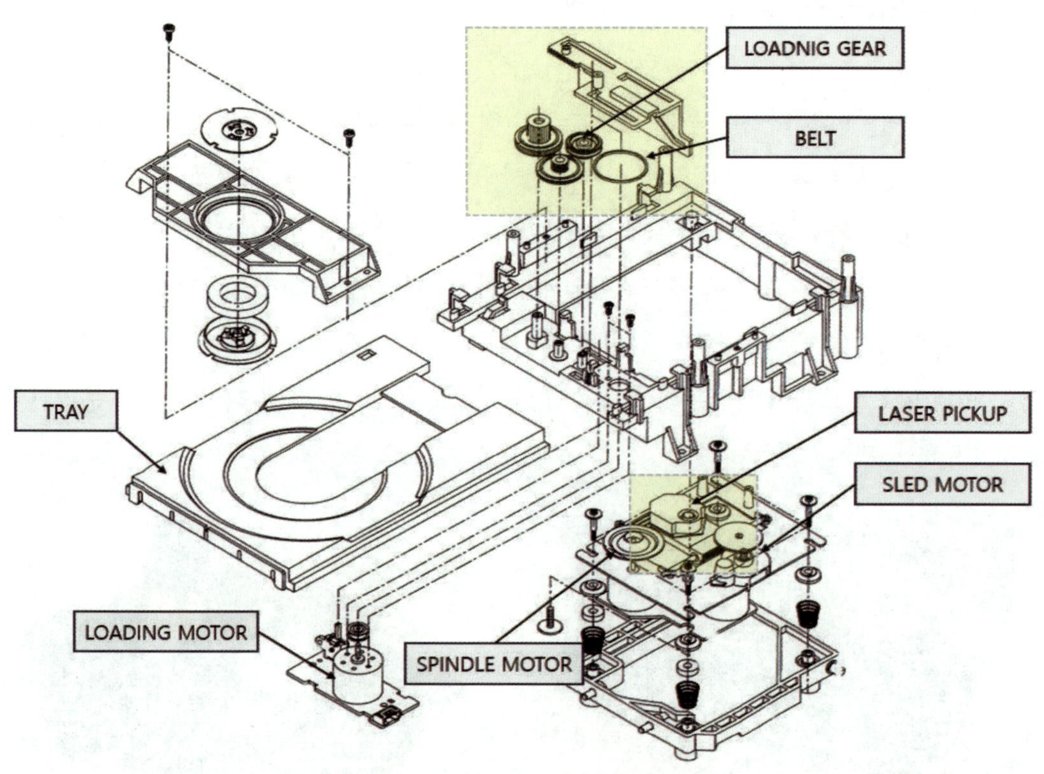

그림 3-72 CDP의 메커니즘 구성도

2) 트레이의 여닫힘

오래된 CDP 중에 트레이가 안 열리는 기기가 상당하다. 트레이를 여닫는 OPEN/CLOSE 버튼을 눌렀을 때 기기 안에서 모터소리가 나는데 트레이가 움직이지 않는다면 거의 대부분 로딩 모터와 연결된 고무 벨트의 부식이나 늘어짐에 의한 현상이다.

■ CD 메커니즘의 분리

트레이가 여닫히지 않거나 뒤에 나오는 레이저 픽업의 교체가 필요할 때에는 CD 메커니즘을 본체에서 분리해야 한다. CDP의 케이스를 벗기고 메커니즘이 섀시에 고정된 스크류를 제거하고 메커니즘을 본체에서 들어 낸다. 만일 트레이의 끝단의 프런트 커버가 기기의 프런트 패널을 통과하지 못하여 메커니즘의 분리가 안 된다면 트레이 프런트 커버를 먼저 분해해야 한다. 그림 3-73의 좌측과 같이 트레이의 위에서 아래로 커버가 클립 형태로 끼워져 있는 형태이므로 트레이 하단부의 클립을 살짝 벌리고 조심스럽게 트레이 커버를 분리한다.

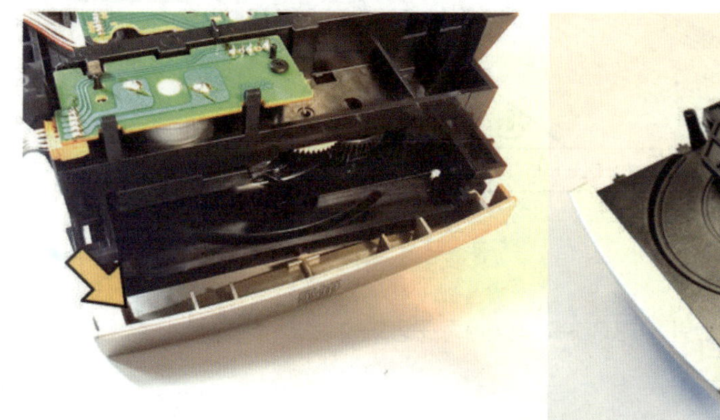

그림 3-73 트레이 프런트 커버의 제거와 디스크 클램프 제거

그다음은 그림 3-73의 우측과 같이 트레이 상단의 스핀들 모터를 고정하는 디스크 클램프를 분리한다. 이 고정 스크류는 PH1 스크류를 사용하는 경우가 많다.

내 손으로 고치는 빈티지 오디오

메커니즘에서 트레이를 수동으로 분리해야 각종 교체 작업을 할 수 있다. 트레이 분리는 원리만 알면 어렵지 않게 가능하다. 먼저 트레이의 여닫힘은 픽업부의 위치와 관계 있다는 점을 명심해야 한다. 그림 3-74의 좌측은 픽업과 스핀들이 CD를 회전시키면서 읽기 위해 위로 올라온 상태이다. 우측 그림은 반대로 트레이가 여닫힐 수 있도록 픽업과 스핀들이 내려가 있는 상태이다. 스핀들 디스크의 위치를 비교해 보라.

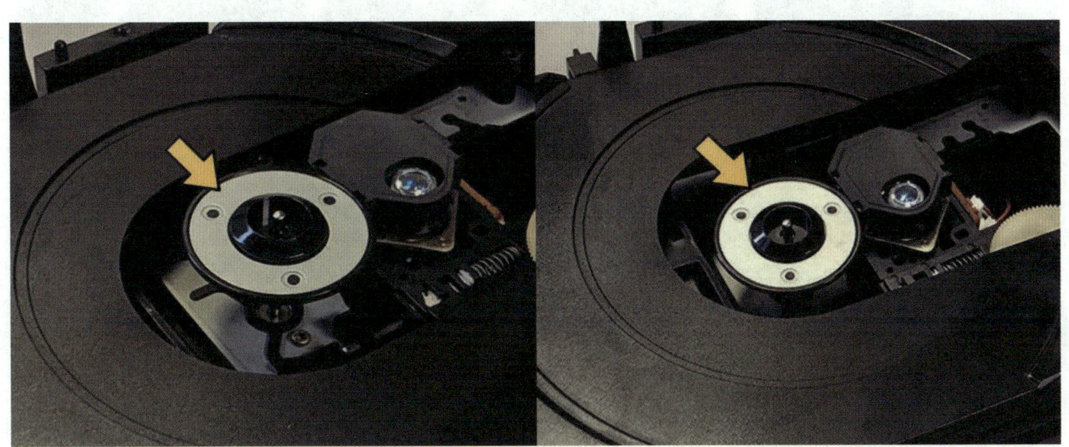

그림 3-74 스핀들이 올라온 상태(좌)와 스핀들이 내려온 상태(우)

트레이를 빼기 위해서는 반드시 우측 그림과 같이 스핀들이 아래로 내려간 상태여야 한다. 스핀들을 아래로 하기 위해서는 메커니즘마다 조금씩 다르지만 트레이 하단부 쪽에 있는 로딩 기어를 돌려야 한다. 이 기어를 손으로 돌려서 픽업과 스핀들이 아래로 내려가는 위치로 한다.

픽업이 최대한 아래로 내려오면 트레이가 열리기 시작한다. 트레이가 끝까지 열리면 보통 트레이 이탈 방지 장치가 있는데 이 부분을 잘 찾아서 트레이의 끝단을 물고 있는 후크나 핀, 스크류를 찾아서 제거해 주면 트레이를 완전히 분리할 수 있다. 그림 3-75는 트레이에 있는 구멍 아래로 고정 후크를 밀어서 젖히는 과정이다.

그림 3-75 트레이 이탈 방지 록(LOCK) 제거

■ 로딩 모터의 벨트 교체

트레이가 자동으로 여닫히지 않고 모터 소리만 난다면 주로 로딩 모터축에 연결된 벨트의 결함이다. 이 벨트는 본체에서 메커니즘을 분리만 해도 쉽게 접근이 가능해서 교체할 수 있는 모델도 있고, 몇 단계 더 분해를 해야 하는 경우도 있다. 이 책의 예제로 보여 주는 이 메커니즘은 몇 단계 더 분해해야 벨트를 교체할 수 있는 모델이다.

벨트가 걸려 있는 로딩 모터의 풀리에 접근하려면 메커니즘에 고정되어 있는 픽업 모듈을 분리해야 분해가 가능하다. 보통은 와셔 스크류로 모듈의 힌지축이 고정되어 있으니 이 부분을 분리하면 가능하다. 메커니즘 모듈이 분리되면 로딩 모터를 가리고 있던 커버를 분리할 수 있다.

그림 3-76과 같이 트레이 로딩 모터의 풀리와 벨트에 완전히 접근할 수 있게 되었다. 벨트의 상태를 확인하고 교체해 준다. 트레이가 안 열렸던 기기는 벨트가 심하게 늘어졌거나 끊어져 있을 수 있다. 벨트를 교체하여 트레이를 여닫을 수 있게 되면 이제 CD를 넣어서 제대

내 손으로 고치는 빈티지 오디오

로 인식이 되는지 확인할 수 있다.

그림 3-76 벨트의 장력 확인 및 교체

3) 픽업 모듈의 교체

트레이가 정상적으로 작동하기 시작하면 CDP에 CD를 삽입하고 인식이 되는지 확인할 수 있다. CD가 잘 작동하면 다행이지만 CDP의 픽업 수명이 다했을 때 주로 다음과 같은 현상이 발생한다.

o 트레이 닫힘 후 CD 회전을 아예 안 하거나 살짝 회전하다가 멈춤

o CD 회전이 처음은 잘 되는 듯하는데 잠깐 돌다가 인식 불가

o CD를 인식하고 음악이 재생되는데 기기의 외부 충격 없는데도 트랙을 스킵하거나 튐 발생

위와 같은 현상은 대부분 CD 픽업부의 레이저 다이오드 불량, 포토 다이오드 불량, 포커스 및 트래킹 코일 오작동 등 여러가지 이유로 발생하는 듯하다. 안타까운 것은 대부분의 레이저 픽업은 개별적으로 이러한 부분의 조정할 수 있는 기능이 없어서 이런 경우는 픽업을 통째로 교환해야 한다.

이제 픽업을 교체하기 위한 분해작업을 해 보자. 이 책에서는 가장 많이 사용되고 있는 소니의 KSS 모듈로 분해과정을 설명한다. 그림 3-77과 같이 픽업 모듈이 프레임에 고정된 4개의 스크류를 제거한다. 이 스크류도 보통 PH1 스크류이다.

그림 3-77 픽업 모듈의 분해

내 손으로 고치는 빈티지 오디오

그림 3-78과 같이 픽업과 모듈이 연결된 기어를 제거한다. 사진처럼 하단부에 후크식으로 고정된 것도 있고 기어가 스크류로 고정된 방식도 있다.

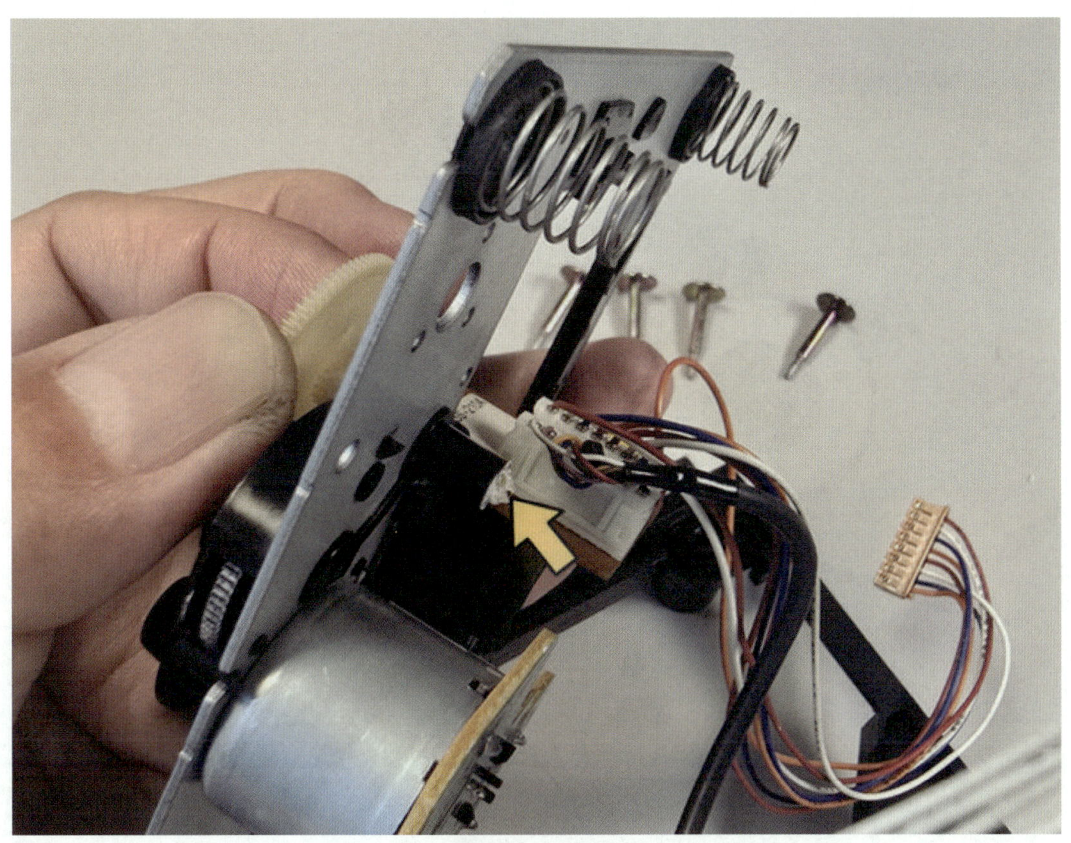

그림 3-78 픽업 슬레드 기어의 분해

그림 3-79에서 픽업이 이동하는 슬레드 샤프트를 제거하고 있다. 샤프트 한쪽이 빼낼 수 있도록 후크 형태 또는 스크류로 고정된 방식 등이 있다. 한쪽 방향의 고정 장치를 풀면 바로 빼낼 수 있다.

그림 3-79 픽업 슬레드 샤프트의 분해

그림 3-80처럼 슬레드 샤프트를 빼내면 픽업이 제거된다. 이 픽업을 신품으로 교체한다. 이때 연결된 커넥터는 헛갈리지 않게 잘 구분해 둔다.

그림 3-80 픽업의 제거

4) 픽업의 종류

CDP의 레이저 픽업은 소니의 제품이 가장 많이 보급되었고 적용되어 있다. 가장 대표적인 소니의 픽업 모델은 그림 3-81의 KSS-210, KSS-213, KSS-240 이렇게 세 가지 모델이다.

그림 3-81 가장 대중적인 소니의 CDP 픽업

CD를 인식하지 못하는 기기를 분해하여 픽업의 모델명을 확인했는데 만일 위 세개의 제품이라면 대체품으로의 교체가 가능하다. 소니에서 더 이상 신품 픽업을 제조, 유통하지는 않지만 해외에서 구할 수 있다. 라이선스 문제는 확인할 수 없지만 최소한 위 세개의 모델은 쉽게 구할 수 있다.

신품 픽업을 구입했다면 그림 3-82와 같이 반드시 정전기 방지용 쇼트 탭을 제거한 후 사용해야 한다.

그림 3-82 픽업이 신품인 경우 정전기 쇼트탭이 납땜으로 연결되어 있다.

픽업의 PCB 내에 사진처럼 큰 납덩이로 두 단자를 쇼트시켜 놓은 곳이 있다. 이 부분은 인두로 녹여 떼어 낸 후 사용하면 된다. 픽업은 정전기에 취약하니 정전기 방지 장갑을 착용한 후 다루거나 픽업에 정전기가 유도되지 않도록 주의한다.

작동을 안 하는 CDP는 대체로 메커니즘부의 고무벨트와 리미트 스위치의 불량으로 발생되는 트레이의 개폐와 관련된 것과 픽업의 노화로 CD 인식을 못할 때 픽업을 교체하는 정도가 일반적이다.

4 카세트 데크

1) 카세트 데크의 구조

카세트 데크는 데크 메커니즘이 핵심이다. CDP에서 CD 메커니즘 중심으로 문제가 발생하는 것처럼 카세트 데크도 카세트 메커니즘에서 거의 대부분의 문제가 발생한다. 특히 메커니즘에는 고무 벨트류가 2-3개 정도 포함되어 있는데 이 벨트류가 노화되어 녹거나 늘어나서 작동을 하지 않는 경우가 대부분이다.

먼저 카세트 데크 메카니즘의 기본적인 용어와 작동부터 살펴보자. 그림 3-83에 카세트 데크 메커니즘의 주요 부품을 정리하였다.

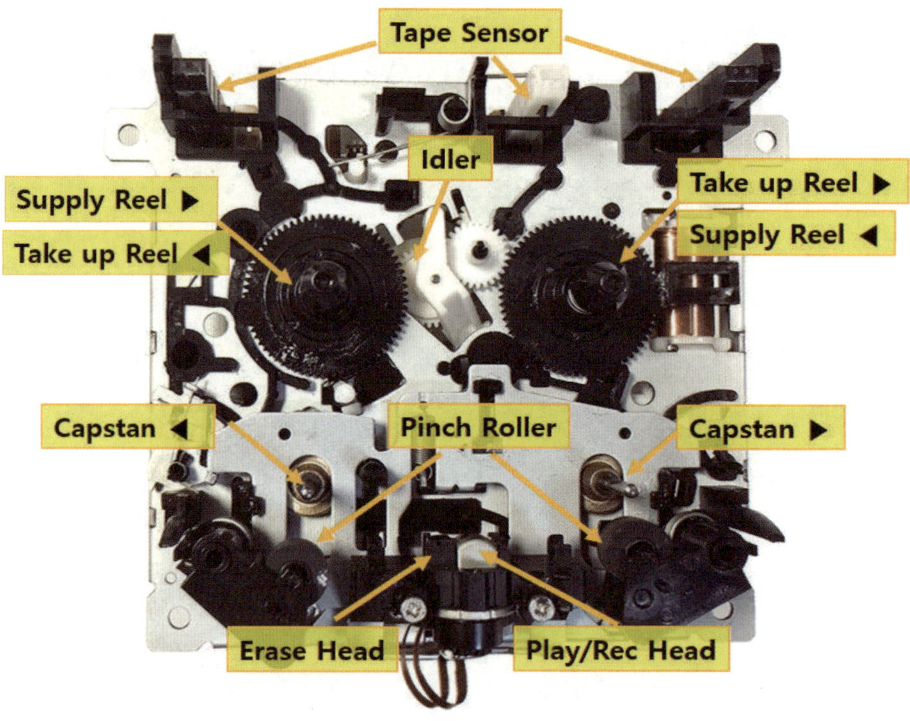

그림 3-83 카세트 메커니즘의 주요 부품의 명칭

그림 3-83은 오토리버스 기능이 있는 메커니즘이다. 오토리버스가 안 되는 메커니즘은 이 것보다는 간단하다. 카세트 주행 방향이 정방향(▶)이면 테이프의 오른쪽 구멍에 들어가는 릴이 감아 주는 릴이므로 테이크업 릴이라고 하고 이때 반대쪽에서 테이프를 풀어 주는 릴을 서플라이 릴이라고 한다.

정방향 주행시는 테이크업 릴이 회전하고, 오른쪽 핀치 롤러가 올라가면서 캡스턴과 밀착되어 테이프를 테이크 업 릴로 잡아당겨 준다. 좌우의 캡스턴은 테이프가 어느 방향으로 회전하든 항상 서로 반대 방향으로 회전하고 있다. 정방향, 역방향 플레이에 따라 어느 쪽 핀치롤러가 올라가서 캡스턴에 밀착하는가에 따라 테이프의 주행 방향이 달라진다.

빨리 감기(FF, FR)일 때에는 핀치롤러는 아래로 내려가 캡스턴과 접촉하지 않으면서 테이프의 주행을 멈추고 아이들러가 좌우 릴 허브에 연결되어 빠른 속도로 릴을 회전시켜 테이프를 감아 주는 역할을 한다.

2) 헤드의 청소

카세트데크의 점검 및 조정에서 가장 중요한 부분이 바로 헤드 청소이다. 재생상태가 좋지 못할 때 가장 먼저 의심해야 하는 곳이 헤드부이다. 카세트 데크의 음질이 불안정할 때 신호 증폭부의 문제인 것처럼 보였지만 의외로 헤드를 청소하고 한번에 음질 문제가 해결되는 사례가 종종 있다.

헤드는 알코올계 이소프로필 용액을 면봉이나 부드러운 헝겊에 묻혀서 살살 닦아 주면 된다. 헤드 크리너 테이프 같은 것보다는 이소프로필로 직접 청소하는 것이 가장 확실하다. 이소프로필은 납땜 후 PCB의 플럭스 세척에도 사용하기 때문에 미리 준비해 두고 사용하는 것을 추천한다.

메커니즘에서 헤드 외에 세척을 해야 하는 부분이 핀치롤러와 캡스턴이다. 캡스턴과 핀치롤러가 테이프를 물리적으로 감아 주는 곳이기에 테이프의 자성체 오염도 많고 오염에 따라 회전이 일정치 않으면 재생 속도가 불안정해지는 와우 & 프러터(Wow & Flutter)가 커진다. 와우 & 프러터란 테이프가 회전할 때 속도가 일정하지 않아 발생하는 음의 흔들림으로, 와

우는 느린 속도 변화, 플러터는 빠른 속도 변화를 말한다. 즉, 모터나 캡스턴 구동계의 불균형으로 인해 음정이 미세하게 흔들리는 현상을 말한다. 이런 현상을 방지하기 위해 이 부분도 반드시 청소를 해 준다.

핀치롤러는 고무로 만들어진 부품이어서 알코올계 세척제를 사용하면 안 된다. 헤드 청소에 사용한 이소프로필을 사용하면 안 되고 전용 고무 세정제가 있지만 핀치 롤러 세척만으로 구입하기는 부담스럽다. 차라리 중성세제를 약간 탄 물을 면봉에 적셔서 닦아 주는 편이 가장 안전하다. 핀치롤러는 그냥 물로 닦는다고 생각하자.

3) 메커니즘 분해 및 벨트 교체

메커니즘을 분해해서 벨트를 교체하는 것은 중급 난이도 정도 되지만 이것 역시 반복해서 작업해 보면 그리 어려운 작업은 아니니 도전해 볼 만하다. 당연히 메커니즘에 따라 구조도 다르고 분해 방법도 다르지만 여기서 소개하는 메커니즘은 90년대 중반 즈음에 인기 있었던 1모터 방식의 오토리버스 기능의 메커니즘이다. 더블데크 카세트에 많이 사용되었던 메커니즘이니 이 메커니즘으로 벨트 교체 방법을 알아보자.

그림 3-84와 같이 메커니즘 뒷면에 커버가 있다. 스크류 4개를 풀어 조심스럽게 커버를 연다. 주의점은 모터가 커버에 고정되어 있어서 커버를 여는 순간 벨트가 모터의 풀리에서 빠져나온다. 스크류는 PH1 타입이다.

그림 3-85는 커버를 젖힌 상태이다. 커버를 여는 순간 벨트가 모터 풀리에서 이탈하지만 크게 우려할 필요는 없다. 조립 방법만 알면 어렵지 않게 다시 벨트를 체결하고 조립할 수 있다.

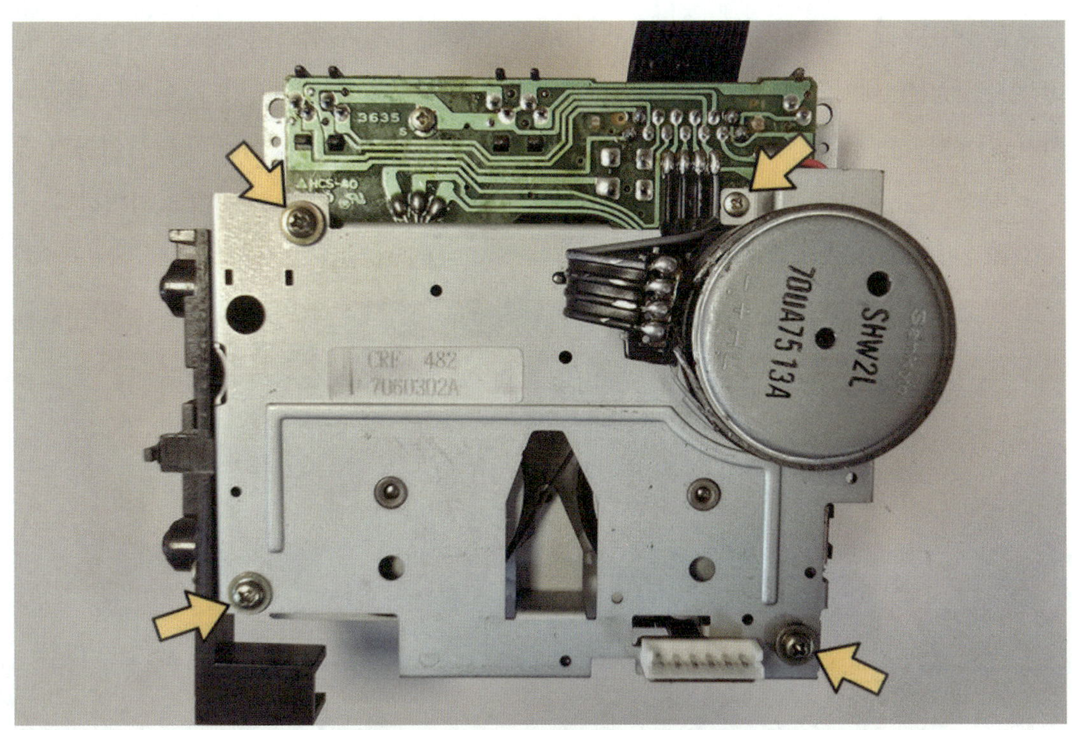

그림 3-84 카세트 메커니즘 커버의 분리

그림 3-85 커버를 연 상태. 모터 풀리는 커버 측에 있다.

그림 3-86과 같이 모터의 풀리는 두 개의 캡스턴 플라이 휠과 캡스턴 벨트로 연결되어 있고, 아이들러는 테이크업 캡스턴 안쪽 풀리와 또다른 벨트로 연결되어 있다. 이 메커니즘에 사용되는 벨트는 캡스턴 벨트는 폭 4mm, t0.5mm 평벨트에 1/2L = 102mm이고 아이들러 벨트는 사각 t1.2mm 1/2L = 75mm이다. (1/2L이란 띠 형태의 벨트의 절반 길이를 의미한다)

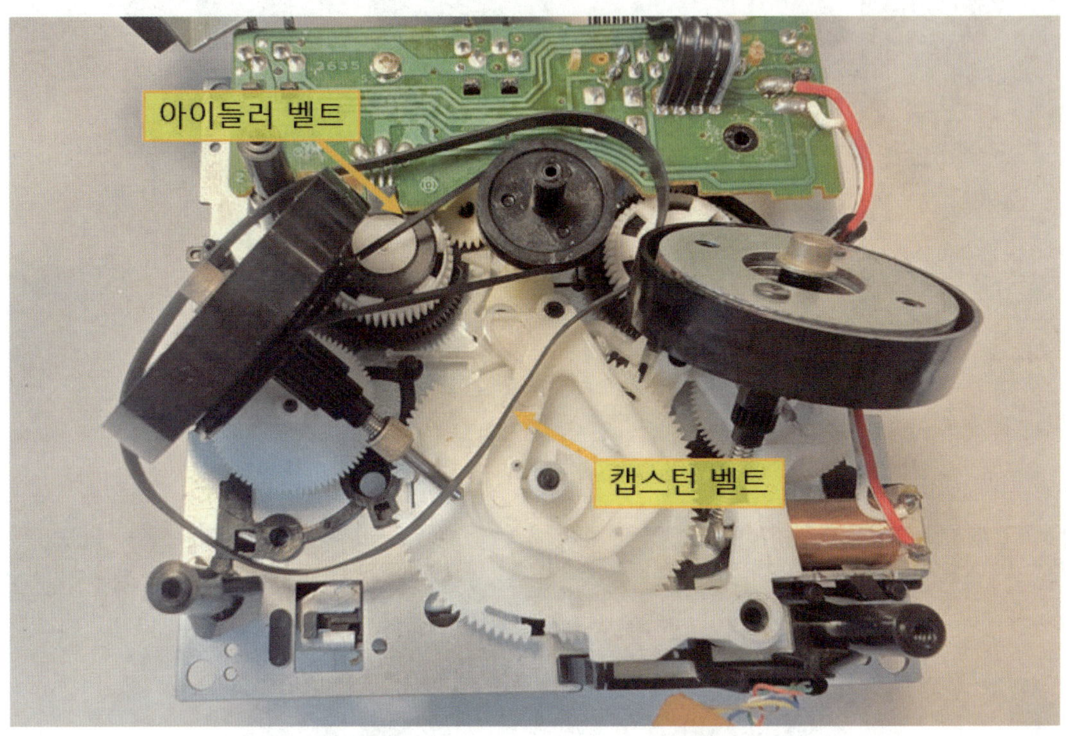

그림 3-86 캡스턴 벨트와 아이들러 벨트

벨트를 동일한 규격품으로 교체하는 게 좋다. 동일 교체품이 아닌 유사한 스펙으로 대체한다면 캡스턴 벨트가 테이프의 주행속도가 불균형하게 되는 와우 & 플러터에 직접 연관되므로 스펙에 맞는 장력을 유지하는 게 중요하다. 가급적 캡스턴 벨트는 규격품에 맞추고 아이들러 벨트는 주행과는 직접적 연관은 없으니 적당한 장력이 되는 벨트로 교체해도 무방하다.

벨트를 교체하였으면 캡스턴 벨트의 모터 풀리 체결부는 그림 3-87과 같이 주변의 플라스틱 핀에 걸쳐 놓는다. 이 상태에서 모터가 결합된 커버를 조심스럽게 가조립한다.

 　　　　　　　　　　　　　　　　　　　　　　내 손으로 고치는 빈티지 오디오

그림 3-87 캡스턴 벨트를 플라스틱 핀에 임시로 걸쳐 둔다.

플라스틱 핀에 걸쳐 있던 캡스턴 벨트를 그림 3-88과 같이 핀셋을 이용해서 모터의 풀리로 이동하여 걸어 준다. 이렇게 하면 메커니즘의 조립이 완성된다.

그림 3-88 커버를 조립 후 벨트를 모터 풀리로 옮겨 준다.

4) 테이프 센서의 청소

메커니즘 상단부에는 테이프 센서가 있다. 이 센서는 테이프의 삽입 유무, 테이프 바이어스 종류의 인식(노말, 크롬, 메탈), 녹음방지탭의 제거 유무를 판단한다. 그림 3-89에 테이프 상단의 구멍의 종류를 보여 주고 있다.

노말, 크롬, 메탈 타입 테이프의 구멍을 비교해 보자. 카세트 데크에서는 이 부분에 구멍이 있는지 여부를 센서로 확인하여 테이프의 종류를 설정한다.

그런데 경우에 따라 테이프 센서에 오염이 발생하면 접점 불량이 되어서 도통이 안 되는 사례가 종종 있다. 특히 테이프 삽입 유무 센서는 테이프를 넣고 작동을 해도 테이프 삽입을 인식하지 않아서 메커니즘이 작동하지 않아 큰 고장 상태로 판단할 수 있다.

내 손으로 고치는 빈티지 오디오

그림 3-89 카세트 테이프의 인식용 구멍들

그림 3-90과 같이 플라스틱 커버로 덮인 접촉식 센서 사이에 접점부활제를 도포한 종이로 닦아 내 준다. 특히 테이프 인식 센서는 위에 소개한 테이프의 타입과 관계없이 중앙부에 위치해서 테이프의 삽입 여부를 확인하는 용도이다. 이 센서를 특히 주의해서 청소하자.

그림 3-90 카세트 인식용 접촉식 센서를 세척하는 중

5) 테이프 주행 속도의 조정

카세트 데크에는 많은 조정부가 있다. 재생/녹음 레벨, 재생 주파수 응답, 테이프 바이어스 관련 조정 등이 있는데 너무 세부적이고 이 책에서 다루기에는 방대한 양이고 편차가 그렇게 치명적이지는 않다. 그래서 가장 중요한 조정부 한 가지만을 자세하게 다뤄 보려고 하는데 바로 테이프 주행 속도 조정이다.

카세트 데크의 상태에 따라 다르지만 상당기간 방치된 기기에서는 캡스턴 모터의 상태가 좋지 않아 회전 속도가 최초 설정된 값과 많이 달라져 있는 경우가 많다. 주로 원래 속도보다 늦어지는 게 일반적인데 테이프를 재생해 보면 소리가 약간 늘어지는 느낌이 있을 수 있다. 이때 정확한 재생 속도를 맞춰 주는 것이 필요한데 간단히 방법을 알아보자.

먼저 그림 3-91과 같은 교정용 테이프가 준비되어야 하는데 교정 테이프란 카세트 데크를 조정하기 위한 다양한 기준 신호가 미리 녹음된 카세트 테이프이다. 교정 카세트 테이프는 여러 가지가 있는데 일단 우리에게는 1kHz 싸인파가 녹음된 테이프가 있으면 충분하다.

만일 가지고 있는 카세트 데크 중에 재생 품질도 좋고 속도도 잘 조정된 데크가 있다면 간이로 스스로 만들어서 사용해도 좋다. 오디오 신호발생기로 1kHz의 신호를 데크로 녹음하고 재생 시 1kHz가 잘 나온다면 사용해도 무방하다. 아니면 인터넷에 잘 조정된 카세트 데크에서 녹음된 교정 테이프를 제작해서 파는 곳이 있으니 이런 곳을 이용해도 좋다.

그림 3-91 카세트데크 조정용 교정 테이프

내 손으로 고치는 빈티지 오디오

조정 방법은 1kHz로 녹음된 테이프를 카세트에 넣어서 재생하고 데크의 출력단자에 오실로스코프를 연결하여 출력 소리의 주파수를 측정하는 것이다. 잘 조정된 카세트데크라면 그림 3-92와 같이 1kHz 파형이 안정적으로 출력된다.

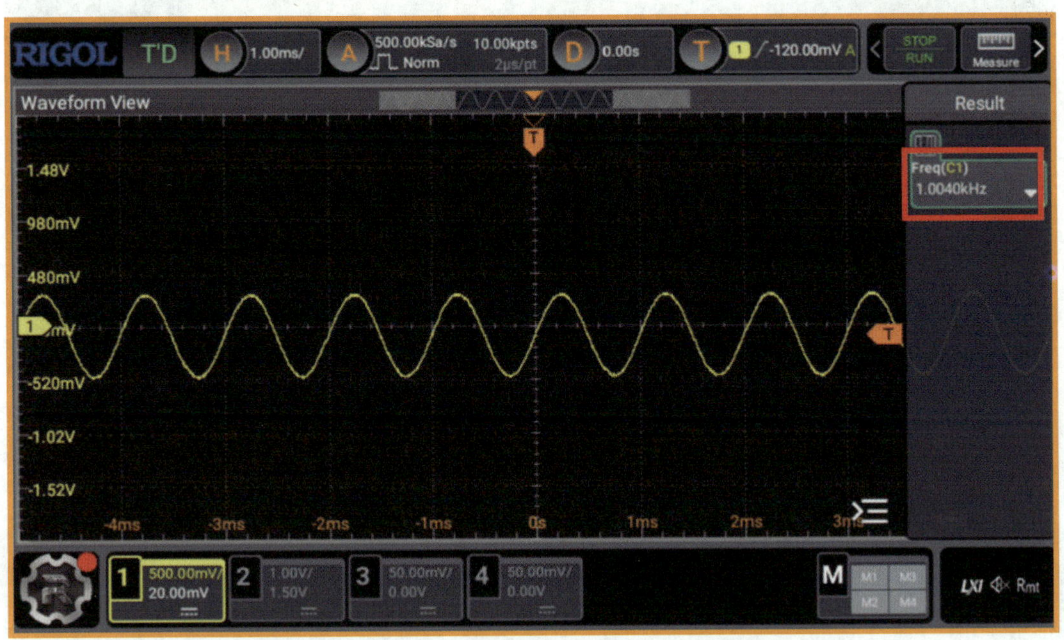

그림 3-92 1kHz 테이프를 재생하여 출력음이 정확히 1kHz인지 오실로스포크로 확인

만일 출력 파형이 1kHz에 많이 벗어나 있다면 오실로스코프의 주파수를 보면서 데크의 모터 재생 속도를 조정해 보자. 재생 속도의 조정법은 기기마다 약간의 차이가 있다. 그림 3-93은 모터 드라이버 보드가 별도로 외부에 있는 경우이다. 제품의 서비스 매뉴얼을 확인해서 모터 속도 조정 장치가 어디에 위치해 있는지 확인하는 것이 좋다.

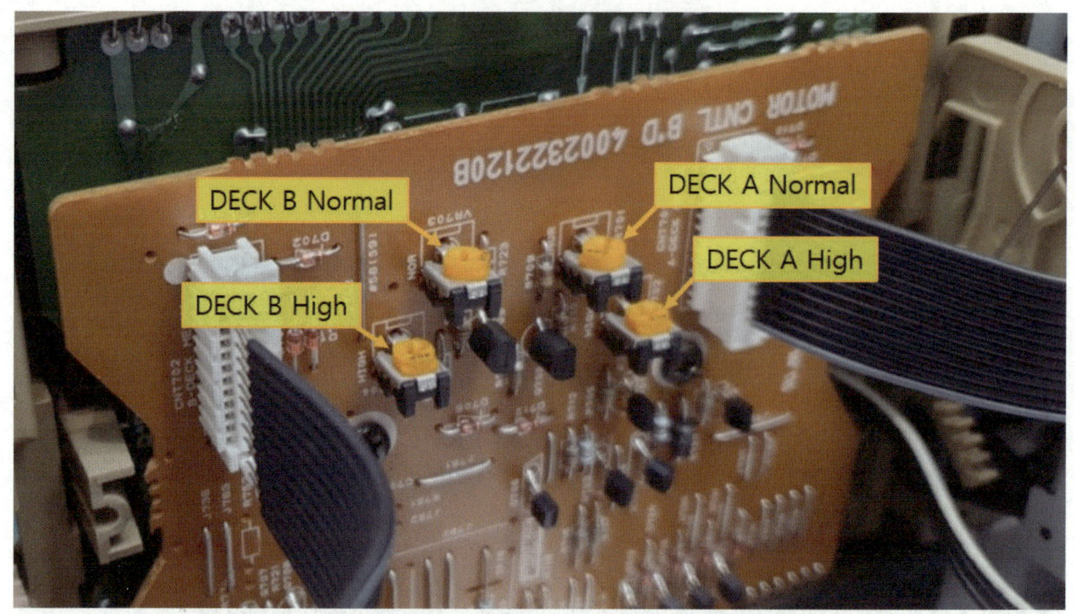

그림 3-93 모터 구동회로 보드에서 제공되는 모터 속도 조정용 트리머들

이 기기는 더블데크 카세트로 정속 복사와 고속 복사 기능이 있는 경우이다. 모터 속도 조정용 트리머가 A데크와 B데크로 나뉘어 있고 각 데크당 정속(Normal) 주행과 고속(High) 주행 트리머가 구분되어 제공된다. 지금 시대에 고속복사를 사용할 일은 거의 없으니 정속 주행(Normal) 조정 트리머를 조정하여 출력 신호가 1kHz가 되도록 조정한다.

그림 3-94의 경우는 PCB상에 별도의 모터 드라이버가 있는 게 아니라 그림 3-95와 같이 모터 내부에 장착된 경우이다. 이 경우는 모터 뒷면의 한쪽에 약간 큰 구멍의 속도 조정용 트리머 조정 구멍이 있고 이곳으로 모터 속도를 조정한다.

   내 손으로 고치는 빈티지 오디오

그림 3-94 모터에서 직접 속도 조정을 하는 경우

그림 3-95 모터에 내장된 모터 구동부 보드와 속도 조정 트리머

조심스럽게 모터 뒤의 구멍으로 작은 일자형 시계 드라이버를 넣어서 트리머를 조정한다. 이 방식은 단일 속도 제어이기 때문에 고속복사 기능이 있는 더블데크 모터에는 거의 사용되지 않는다.

모터 드라이버의 트리머만 조정하고 바로 조정을 끝내면 안 된다. 오랫동안 사용 안 했던 모터는 내부 오염이나 흡착 등으로 로터와 베어링에 문제가 있을 수 있어서 적당한 윤활작업을 한 후 수시간 동안 재생 플레이를 하면서 속도 변화가 생기는지 확인해야 한다. 수시간 이상 플레이를 하면 초기 플레이보다 윤활작업 때문에 속도가 약간 올라갈 수도 있다.

6) 카운터 불량

카세트 데크가 플레이는 일단 되는데 1-2초 정도 카세트가 돌다가 바로 멈춰 버리는 고장 상황이 있다. 이런 경우는 대부분 카세트 데크의 카운터가 돌지 않고 있는 경우이다. 이와 유사한 증상이라면 카세트가 처음 플레이되는 동안 카운터가 작동하는지 살펴봐야 한다.

카세트 데크는 테이프가 끝까지 돌아가고 더 이상 작동하지 않을 때 자동멈춤 기능을 제공한다. 플레이 상태나 빨리 감기나 모두 더 이상 회전하지 않으면 자동 멈춤이 된다. 기기가 자동 멈춤을 해야 하는지 인지하는 방법은 카운터가 움직이는지 여부로 판단한다. 그래서 아직 테이프가 주행할 수 있는데도 만일 카운터가 작동하지 않는다면 기기는 바로 자동 멈춤을 실시한다. 오토 리버스 데크라면 2-3초 동안 잠깐 플레이하고 반대편으로 넘기고 다시 잠시 플레이하고 반대편으로 넘기고 하는 반복 동작을 할 수도 있다.

카운터가 작동하지 않는 경우는 그림 3-96과 같은 기계식 카운터가 내장된 기기에서 자주 발생하는데 여기에도 카운터에 연결되는 고무 벨트가 문제를 일으킨다. 고무가 늘어져서 카운터에 슬립이 일어나거나 아예 카운터 작동을 못하기도 한다.

그림 3-96 테이크업 릴과 기계식 카운터를 연결하는 카운터 벨트

기계식 카운터는 그림 3-97과 같이 테이크업 릴 축과 카운터가 고무벨트가 연결되어 있다. 기계식 카운터가 작동하지 않는다면 분해하여 카운터 벨트가 끊어졌거나 늘어져 있는지 확인하고 교체해 주면 된다.

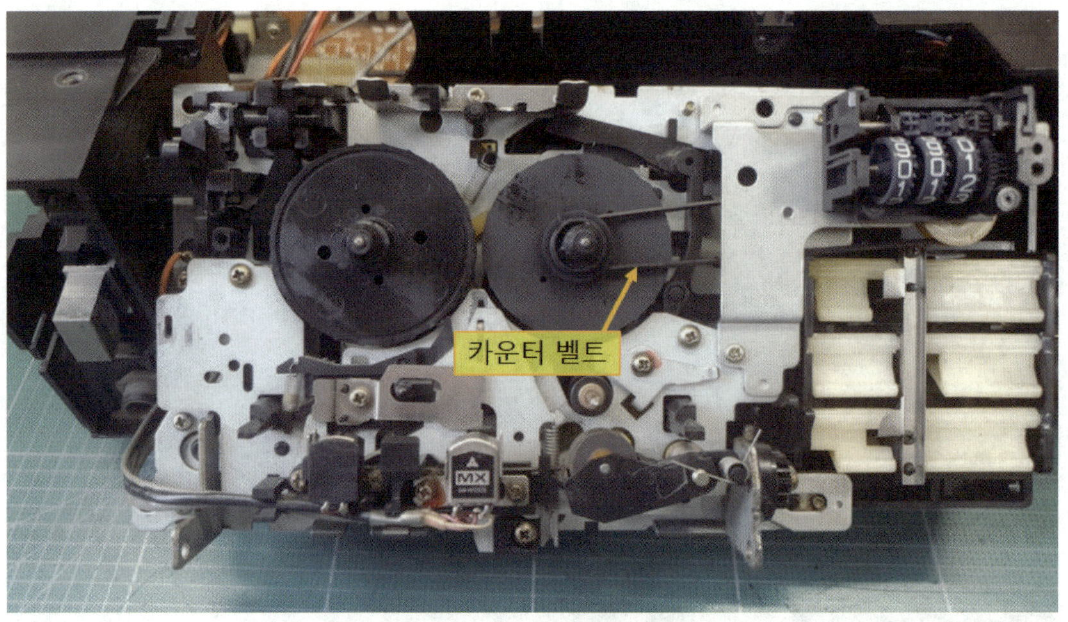

그림 3-97 테이크업 릴에 연결된 카운터 벨트

데크가 전자식 카운터라면 그림 3-98과 같이 홀 이펙트 센서나 포토 프랜지스터 등의 센서를 사용하여 테이크업 릴의 회전을 감지하는 방식을 사용한다. 기계식 카운터보다는 대체로 카운터를 못하는 상황은 거의 없지만 간혹 포토트랜지스터 방식에서 테이크업 릴의 슬릿이 오염되면 반사광을 못 읽는 경우가 있으니 이럴 때는 테이크업 릴을 세척해 보도록 한다.

그림 3-98 홀이펙트 센서를 이용한 전자식 카운터

7) 녹음시 음질 불량

카세트 데크는 재생모드에서는 헤드로부터 신호를 읽어 내어 출력단자로 보내고 녹음모드에서는 입력단자로부터 신호를 받아서 헤드에 자성을 발생하여 기록하는 작업을 한다. 재생과 녹음에 따라서 회로 구성이 전체적으로 분기되는 구조라 마치 순차적 일방통행인 것처럼 재생시와 녹음시에 회로의 선로를 바꾸게 된다.

90년대 이전의 기기는 대부분 이 신호의 변경 처리를 기계적 접점의 셀렉터로 처리하고

그림 3-99와 같이 밀고 당기는 작업으로 모드를 변경한다. 어느 쪽에서도 접점 불량이 생길 수는 있지만 보통 이 모드 스위치는 재생 쪽에 오래 머물기 때문에 녹음 모드에서 오랫동안 사용하지 않은 탓에 오염에 의한 접점 불량이 간혹 발생한다. 재생은 잘 되는데 녹음을 해 보면 한쪽 채널에 잡음이 난다거나 안 나오거나 한다면 재생/녹음 셀렉터에서 발생하는 접점 불량일 가능성이 높다.

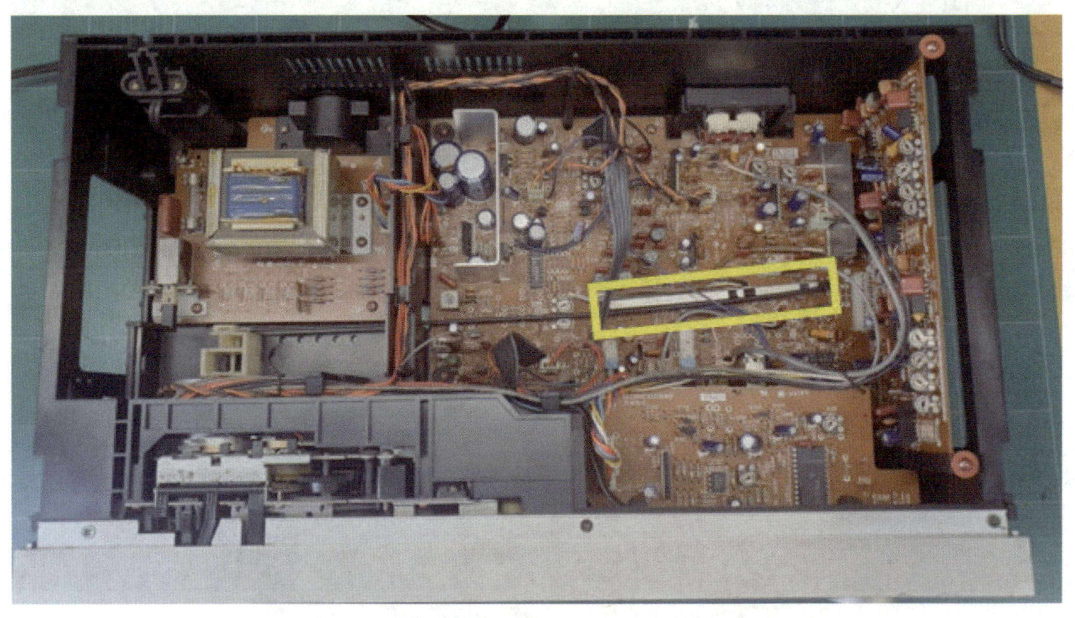

그림 3-99 재생과 녹음 모드 변경을 위한 슬라이드 셀렉터

접점 불량이 확인되면 프리앰프의 셀렉터처럼 접점부활제를 도포하고 재생/녹음 버튼을 수십 번 누르면서 접점부의 오염을 세척하면 잡음을 없앨 수 있다.

내 손으로 고치는 빈티지 오디오

맺는말

이상으로 빈티지 오디오 세트의 튜너와 인티그레이티드 앰프, CD 플레이어와 카세트 데크까지 자주 발생하는 고장 유형별 점검과 수리 방법을 설명하였다. 특히 CD 플레이어와 카세트 데크는 일렉트로닉스적 접근보다는 메커니즘의 점검 방식으로 접근하였다. 전자기기의 수리에서는 분해와 결합이 기본적이다. 기기 내부의 메커니즘 이해도 필요하고 이를 구동하는 일렉트로닉스적인 이해도 같이 필요하다는 점을 다시 강조하고 싶다.

이 책에서 다룬 내용을 어느 정도 실제 적용할 수 있는 실력이 되었다면 이제 PCB 상에 배치된 회로 구성이 눈에 보이기 시작할 것이다. 전원부를 먼저 점검하고 의심되는 부분이 어떤 단계에서 발생한 것인지 예측하여 점검하다 보면 성공과 실패의 반복 속에서 회로에 대한 인사이트를 얻게 될 것이다.

고장 난 전자기기가 내 손으로 다시 살아나 작동될 때의 성취감은 상당하다. 이 성취감과 자신감을 기반으로 하나씩 지식을 축적해 나가 보자. 서문에서 밝힌 것처럼 지금은 정보가 제한적이었던 1980년대도 아니어서 미리 포기할 필요가 없다. 인터넷, 유튜브 그리고 AI까지 궁금하고 모르는 것을 묻고 해결할 방법이 너무나도 많기 때문이다.

내 손으로 고치는
빈티지 오디오

ⓒ 김동희, 2026

초판 1쇄 발행 2026년 3월 20일

지은이   김동희
펴낸이   이기봉
편집   좋은땅 편집팀
펴낸곳   도서출판 좋은땅
주소   서울특별시 마포구 양화로12길 26 지월드빌딩 (서교동 395-7)
전화   02)374-8616~7
팩스   02)374-8614
이메일   gworldbook@naver.com
홈페이지   www.g-world.co.kr

ISBN   979-11-388-5588-4 (03560)